JN015304

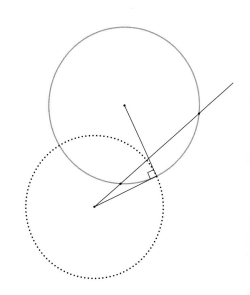

アルフレッド・S. ポザマンティエ &
ロベルト・ゲレトシュレーガー

松浦俊輔 訳

円をめぐる冒険
幾何学から文化史まで

THE CIRCLE
A Mathematical Exploration beyond the Line
Alfred S. Posamentier & Robert Geretschläger

紀伊國屋書店

円をめぐる冒険
幾何学から文化史まで

広大無辺の未来を生きる我が子と孫の
リサ，ダニエル，デイヴィッド，ローラン，
マックス，サミュエル，ジャック，チャールズに
──アルフレッド・S.ポザマンティエ

娘のリサに
──ロベルト・ゲレトシュレーガー

円をめぐる冒険　幾何学から文化史まで

・本文中の行間の数字は著者による註で、章ごとに番号を付し巻末に収録する。
・〔　〕は訳者による註を示す。

謝辞

　本書の準備において，第7章の算額の写真は深川英俊博士に，第4章のツリーメーカーの絵については作者のロバート・J.ラング博士にご協力いただいた。お二人とも，著者の一人ロベルト・ゲレトシュレーガーにとって長年，数学的な刺激の源泉だった。第4章の球を積み重ねる絵については，ベルント・タラー博士にお礼を述べたい。クリスチャン・シュプライツァー博士には，第10章を書いてくれただけでなく，第10章，第11章のいくつもの図を集めてくれたことに感謝したい。後記を書いてくれたエルヴィン・ラウシャー博士にもお礼申し上げる。

　あれこれと詰め込む本には，有能な編集管理者や校正者が必要になる。本書の刊行にあたって，てきぱきと進行を管理してくれたキャスリン・ロバーツ゠エーベルと，見事な手さばきで編集してくれたジェード・ゾーラ・シビリアに，とくに感謝を捧げたい。プロメテウス・ブックス社の編集長スティーヴン・L.ミッチェルが，広い読者層に向かって，単純な幾何学図形に見られがちな円が内包する豊かな魅力を開花させるよう，丁寧にまとめてくれた仕事は賞賛に値する。きつい作業をしてくれたハナ・エチュ，マーク・ホール，ブルース・カール，ジャクリーン・ナッソ・クック，ローラ・シェリー，シェリル・クィンバにも謝意を記しておきたい。

序

　初等平面幾何学では，引ける線は基本的に二つだけ，線（直線）と円弧（あるいは円）である。そして直線が織りなす幾何学図形の基本的な要素は三角形[1]だ。ゆえに，直線で構成される幾何学図形の性質を調べる場合，三角形に分割して考えることが多い。そのため，直線による幾何学の世界では，その調査と評価には三角形が要となる。とはいえ，円は他のどんな成分に劣らず，平面幾何学の相当部分を占める。さらに，球面上で引ける「線」はこれだけだ。そう見ると，幾何学の世界では円のほうが直線よりも出番が多いと言える。球面幾何学に直線は登場しない。著者二人はこのことを念頭に置きつつ，幾何学における円の性質を調べる旅に乗り出した。

　数学史では，円はおそらく他のどんな図形よりも数学者を魅了してきた。円の歴史の道のりの一方には，円周率 π（バイ）の探究がある[2]。π の正確な，あるいはほとんど正確な値という目標は，何世紀にもわたって数学者をとりこにしてきた。哲学的にも神学的に見ても，円は西洋文化の一部を成している。この点については，円が見せる数々の幾何学的な驚異の世界を調べつくしたうえで，いくつかの例を簡単に取り上げる。

　円がからむ，多くの刺激的で見事な数学的事実を探しに行く前に，基礎知識を簡単におさらいする。多くは中学や高校の幾何学（図形編）に出てくる内容だ。

　単純かつ巧妙であるがゆえに，円が持つ魅力を目の当たりにするにはうってつけの問題がたくさんある。もっと高度になると，重要であるがゆえに名のついた円に関する定理も多い。第3章では，その手の定理を

楽しめるよう紹介する。

　三角形に内接する円，三角形に外接する円，三角形の三辺またはその延長に三角形の外側で接するがその三角形の内側は含まない円〔傍接円〕は，ときに「エクィサークル（equicircle）」とも呼ばれる。これについては第5章で詳しく見る。エクィサークルから得られる巧妙な平面幾何学の見通しがいくつかあり，単純なだけあって大いに楽しめる。

　与えられた円や直線に接する円など，特定の基準を満たす円を作図することは，古代からある難問だった。この問題は（いくつかの部分からなる），「アポロニウスの問題」と呼ばれる。第6章では，それを玩味できるような形で紹介しながら，願わくば真の意味で全体像を摑めるように解いてみる。古代の数学者を悩ませた問題を見るのはいつも悦ばしいもので，ここではそれを，単純にパズルを解くように，読者にやさしく説明する。

　中学や高校では，目盛のない定規とコンパスだけで作図することを教わる。ごく単純な作図から，かなり手強い場合までさまざまある。しかし何百年も前から，そのような作図は定規を使わなくてもコンパスだけでできることがわかっている。これはマスケローニの作図法と呼ばれ，第8章で取り上げる。コンパスだけで直線をどう作図するのかと訝る向きもあるかもしれない。要は，コンパス1本で，直線上に必要なだけ，望むだけ多くの点が打てるという，当の直線を作図したかのようにやってみせることだ。ここでも，円が基本的に直線に代わりうることを示す。もちろん，これは実用的というよりは理論的な話だ。

　円には，美術や建築においても，解説に値する重要な役割がある。第9章「美術と建築における円」という，幾何学的な応用にあてた章で披露するのでご覧いただきたい。円や球の操作は，この二つの重要な図形の珍しい性質を浮き彫りにする側面も見せるのだが，「充塡問題」と呼ばれる分野に顕著なため，独自の章を割いて紹介する（第4章）。

　球面を，その面にある円とともに考えても，好奇心をそそられる問題が生じる。ニューヨークからウィーンへ飛行機で行くとき，通常はグリーンランド上空を通るが，それはなぜか。地図で見ると大きく迂回して

いるように見えるのだが，実際は，球面上の2点をつなぐ最短距離とは，その点を大円〔球の中心を通る平面が球面と交わってできる円〕でつないだものとなる。私たちは球面（地球）で暮らしているのだから，球面とは切っても切れない縁があるという点を認識すると，自分が暮らしている世界へのまなざしは広がり，一変するはずだ。

　平面上での円の姿についてほぼすべてを検討したうえで，球面上での円の役割を紹介する章を設ける（第11章）。円は，球面でユニークな役を演じる——球面に引ける唯一の形の「直線」なのだ。これは要するに「大円」のことであり，球面上に，円の中心が球の中心でもあるように描かれたものだ。この章では，新たな思考の光景が開けるかもしれない。たとえば，球面上に描ける三角形の内角の和はもう180度ではないこと，180度より大きく，540度未満であることなどを知る。

　つまり本書は，平面でも球面でも，円が幾何学的思考において持つはずの重みをしっかりと伴って見えるよう，読者の心を開こうとする。それによって幾何学が，普段は思ってもいないような生き生きとした姿で現われる。それこそが本書の目標だ。

　先にも触れたように，円は古（いにしえ）より，幾何学を超えたさまざまな概念を表わしてきて，そうした概念は文化ごとに異なる場合もある。円に関する古代の叡智をたどり，当時知られていた数学的性質や表現方法のいくつかに触れることによって，円の世界をめぐる旅をしめくくる。私たち著者は，ここで紹介する円と球の幅広い概念や応用を知ることで刺激を受けた読者が，この本の世界よりさらに奥地への冒険に出ることを願っている。

アルフレッド・S. ポザマンティエ

ロベルト・ゲレトシュレーガー

第 ① 章

基礎と拡張

　円をめぐる冒険を始めるにあたって，多くの人が思い浮かべるのは，この重要な幾何学図形に関係するギリシア文字 π だ。π が円周とその円の直径との比を表わすことは，たいていの人が知っている。そしてすぐに二つの式も頭に浮かぶ。円周 $= 2\pi r$ と，円の面積 $= \pi r^2$ だ（r は円の半径）。とはいえ，中学や高校で学んだ基礎知識もすでに忘れているかもしれないので，旅に出る前に復習しておこう。

　まず，基本的な用語をおさらいする。誰もが知っているとおり，「半径」は円の中心と円周上の任意の点とを結ぶ線分で，「直径」は，円周上の 2 点を，円の中心を通って結ぶ線分である。円周上の任意の 2 点を結ぶ線分は「弦」と呼ばれる。直線が円と 1 点のみで接触する場合，その直線は円の「接線（タンジェント）」で，円と 2 点で交わる直線は「割線（セカント）」である。おさらいすべき項目がさらに二つある。円の内部の 2 本の半径とそのあいだの円弧で区切られる領域を「扇形」と，弦と弧で区切られる円内の領域を「弓形」と呼ぶ。

　円の研究にあたって役立つ幾何学的な性質を以下にいくつか列記する。

● 同一直線上にない三つの点は，円を一つだけ決める。
　○ 同一直線上にない点 A, B, C は，ただ一つの円 O を定める（図 1.1）。

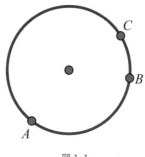

図 1.1

- 弦の垂直二等分線上には，円の中心と，弦が交わる二つの円弧の中点がある。
  - 直線 CD は AB の垂直二等分線である。直線 CD 上に円の中心があり，点 C と D は二つの円弧 AB の中点である（図1.2）。

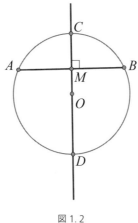

図 1.2

- 円の中心と円周上の点を結ぶ半径に垂直な直線は，円の接線である。
  - 直線 AB は半径 OC と点 C で垂直であり，ゆえに点 C で円に接する接線である（図1.3）。

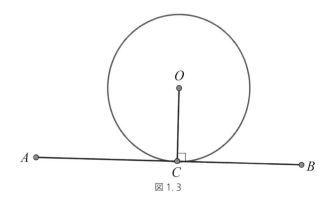

図 1.3

- 円の外部の 1 点から円へ引いた 2 本の接線の接点までの線分の長さは等しい。
  - 接線 PA と PB の長さは等しい（図1.4）。

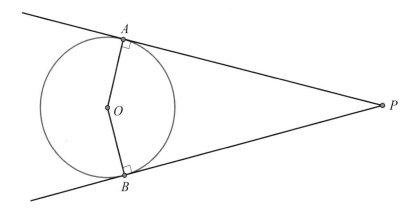

図 1.4

- 頂点がすべて円周上にある多角形は，「円に内接する」と言う。
  - 多角形 $ABCDE$ は円 O に内接する（図1.5）。

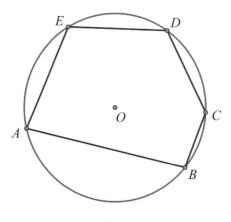

図 1.5

● 多角形の辺がすべて一つの円の接線になっているとき，この円は「多
角形に内接する」と言う。

　○ 円 O は多角形 $ABCDE$ に内接する（図 1.6）。

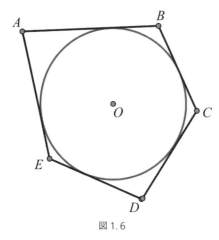

図 1.6

● ある円における割線と接線が円外の一点で交わるとき，その交点と接
点を結ぶ線分の長さは，その交点から，割線と円との二つの交点のあ

いだにできる二つの線分の長さの「比例中項」となる。

○ 接線 AP は，PC と PB の相乗平均である。つまり，

$$\frac{PC}{AP} = \frac{AP}{PB} \quad \text{と表わされる（図1.7）。}$$

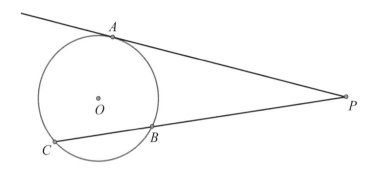

図 1.7

● ある円における二つの割線が円外で交わるとき，一方の割線と円との二つの交点でできる二つの線分の長さの積は，もう一方の割線と円との二つの交点でできる二つの線分の長さの積に等しい。

○ 割線 PED と PBC について，次の式が成り立つ（図1.8）。

$$PD \cdot PE = PC \cdot PB$$

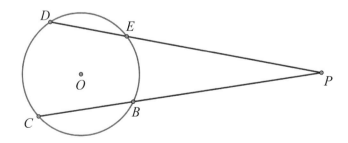

図 1.8

● 2本の弦が円内で交わるとき，一方の弦が交点で分けられた線分の長さの積は，もう一方の弦が交点で分けられた線分の長さの積に等しい。〔この3か条（図1.7〜図1.9）をまとめて「方べきの定理」とも呼ぶ〕

　○ 点 P で交わる2本の弦について，次の式が成り立つ（図1.9）。

$$PA \cdot PB = PC \cdot PD$$

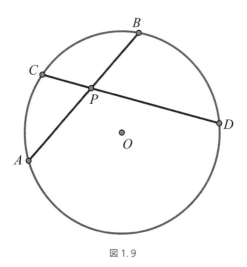

図1.9

● 中心角とは，2本の半径によってできる角で，その角度は切り取られる円弧の円周に対する比に等しい。

　○ 角 AOB の大きさとは，弧 AB が成す角度のことである（図1.10）。

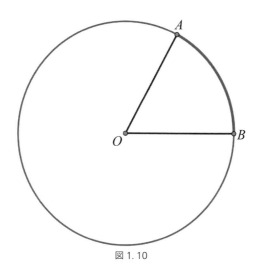

図 1.10

- 円周角，つまり円周上の 1 点から他の 2 点に引いた 2 本の弦が成す角の大きさは，その 2 本の弦が切り取る円弧の中心角の半分である。
  ○ 角 APB は，弧 AB の中心角の半分（図 1.11）。

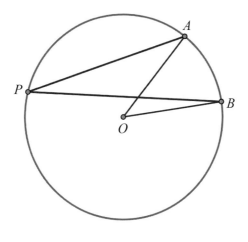

図 1.11

● 円の接線と弦が成す角度は，それが切り取る円弧の中心角の半分である。

　○ 角 ABP の大きさは，弧 AB の中心角の半分（図 1.12）。

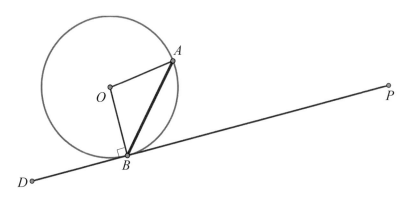

図 1.12

● 円の内部の 1 点で交わる 2 本の弦によってできる角の大きさは，その角と対頂角で切り取られる円弧の中心角の和の半分となる。

　○ 角 BPD の大きさは，弧 BD と弧 AC の中心角の和の半分（図 1.9）。

● 円の外部の 1 点で交わる 2 本の割線が成す角の大きさは，切り取られる円弧の中心角の差の半分に等しい。

　○ 角 DPC の大きさは，弧 DC の中心角から弧 EB の中心角を引いた大きさの半分（図 1.8）。

● 円外の 1 点で交わる割線と接線によってできる角の大きさは，この割線と接線で切り取られる弧の中心角の差の半分に等しい。

　○ 角 APC の大きさは，弧 AC の中心角から弧 AB の中心角を引いた大きさの半分（図 1.7）。

● 円外の 1 点から引いた 2 本の接線によってできる角の大きさは，その

接線によって切り取られる円弧の中心角の差の半分に等しい。また，円外の1点から引いた2本の接線によってできる角の大きさは，近いほうの切り取られる弧の中心角の「補角」〔二つの角の和が二直角である場合，その二角を互いに補角であると言う〕である。

○ 角 APB の大きさは，二つの弧 AB の中心角の差の半分に等しい。加えて，角 APB は近いほうの弧 AB の中心角の補角である（図1. 4）。

ここで簡単にまとめた，中学や高校の数学で紹介される「円」に成り立つ関係性の要点は，これから円を調べるにあたって必要な基本ツールとなる。

円ではなく，「幅」が一定の曲線として

円を，その物理的構造，つまり幅（＝直径）が一定の曲線という視点か

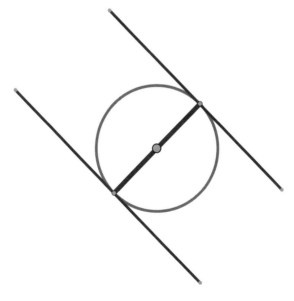

図 1. 13

ら考えてみよう。これは，円をそれに接する2本の平行な直線のあいだに置くと，この2本の固定された平行線に接したままで回転できる図形ということだ。

図1.13から明らかに，円の「幅」はその直径となる。平行な接線を引けば，その間隔は必ず直径に等しい。

ただおもしろいことに，このような性質を持つ幾何学図形は円だけではない。「ルーローの三角形」と呼ばれる変わった外見の図形もそうだ（図1.14）。この名は，ドイツの工学者で，ベルリンのプロシア王立工科大学〔現ベルリン工科大学〕で教えていたフランツ・ルーロー（1829～1905）に由来する。ルーローはいったいどのようにこの三角形を思いついたのか。円でなくても，どんな向きでもボタンホールを通ってはまるボタンを探していた，と言われている。そして，図1.14にあるルーローの「三角形」が，その答えとなった。

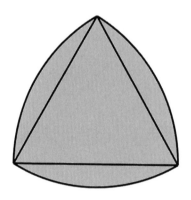

図1.14

ルーローの三角形は，半径が等しく，正三角形の各頂点を中心とする3本の円弧でできている。多くの変わった性質があり，幅[1]が同じ円によく似ている。では，ルーローの三角形の「幅」とは何を意味するのか。曲線に対する2本の平行な接線の間隔を，その曲線の幅と呼ぶ（図1.15）。ルーローの三角形を注意深く見ると，この平行な接線をどこに引

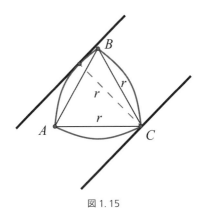

図 1. 15

こうと，必ず間隔は同じ —— この三角形を構成する円弧の半径 —— になることがわかる。

「幅」とルーローの三角形の周長との比が π になる点でも円に似ているなど，いくつかの魅惑の性質を調べる前に，ルーローの三角形の「実用的応用例」について記しておこう。

普通のレンチで丸ねじ（つまり頭にドライバーを入れる駆動部が切られていないねじ）を締めることはできない（図 1.16）。レンチはすべってねじの丸い頭をつかめないのだ。同じことはルーローの三角形についても言える（図 1.17）。こちらでも，円と同じく幅が一定の曲線なのですべってしまう。

図 1. 16　　　　　　　　　図 1. 17

この種の状況が起こるのはどんな場合か。夏の暑い日によくある光景 —— 通りで子どもたちが消火栓を「勝手に」開いて涼んでいる。消火栓のバルブが六角形のナットであれば，レンチで開栓できるのだ。ところ

が，そのナットがルーローの三角形だったら，レンチはナットが円形の場合と同じくひっかからないので開栓できない。しかしルーローの三角形のナットのときは，円形のナットの場合とは違い，ナットに合致するルーローの三角形の特殊レンチがあれば，ぴったりはまってすべらない。これは円形のナットではありえない。かくしてルーローの三角形なら，特殊ルーローレンチを用意する消防局だけが火事のときに消火栓を開けられるので，いたずらっ子が水を出して無駄にするのを防止できる（実際には，ニューヨーク市の消火栓は五角形のナットがついていて，これも平行な対辺がないので，通常のレンチでは回せない）。

ルーローの三角形は「定幅図形」と呼ばれる。つまり，この図形のどこにノギス[2]を当てても同じ値が得られるという意味だ。このことは円にもルーローの三角形にもあてはまる。

先に示したとおり，ルーローの三角形は円を描くことによってできる。それぞれの円の中心は与えられた正三角形のそれぞれの頂点にあり，それぞれの半径はこの正三角形の辺の長さとなる（図1.18）。

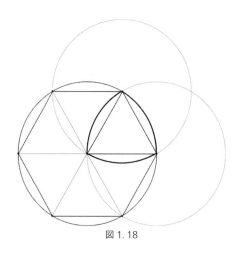

図1.18

意外なことに，幅を d とするルーローの三角形の周長は，ルーローの三角形の幅と同じ直径 d の円の円周とちょうど同じで，次のように表わ

される。

$$3\left(\frac{1}{6}(2\pi d)\right) = \pi d$$

　ルーローの三角形の周長と幅との比が円と同じ（つまりπ）になる理由を納得するために，次のことを考えよう。周長は3本の弧で構成され，それぞれは半径rの円の$\frac{1}{6}$である。したがって，周長は次のようになる。

$$3\left(\frac{1}{6}\right)(2\pi r) = \pi r$$

　幅はrなので，周長の幅に対する比は$\frac{\pi r}{r} = \pi$となり，円については当然そうなる——円の周長（円周）の，幅（直径）に対する比がπなのだから。
　この二つの図形の面積を比較すると，話はまったく違ってくる。ルーローの三角形の面積は手早く求められる。三つの扇形を足し，だぶって数えた二つの正三角形を引けばよい。

$$三つの扇形の重なりを含んだ面積全体 = 3\left(\frac{1}{6}\right)(\pi r^2)$$

$$正三角形の面積 = \frac{r^2\sqrt{3}}{4} \cdots\cdots (註3)$$

$$ルーローの三角形の面積 = 3\left(\frac{1}{6}\right)(\pi r^2) - 2\left(\frac{r^2\sqrt{3}}{4}\right) = \frac{r^2}{2}(\pi - \sqrt{3})$$

$$直径（長さ r）の円の面積 = \pi\left(\frac{r}{2}\right)^2 = \frac{\pi r^2}{4}$$

　この二つの同じ幅の図形の面積を比べると，ルーローの三角形の面積

は円の面積より小さいことがわかる。これは、正多角形についての理解とも整合する。与えられた直径（幅）の面積を最大にする図形は円である。これは1915年、オーストリアの数学者ヴィルヘルム・ブラシュケ（1885～1962）によってさらに一般化され、幅が等しいこの種の図形が何であれ、面積が最小になるのは必ずルーローの三角形であり、面積が最大になるのは必ず円であることが証明された[4]。また、ルーローの三角形にはほかにも円と対照的な興味深い性質がある。

　車輪が平面上を滑らかに転がることはわかっている。ルーローの三角形が円と「同等」なら、それも平面上を転がるはずだ。しかし、たしかに転がるのだが、「尖った」角のせいで、なめらかには転がらない。家具を動かすころが、通常の円筒形ではなく、ルーローの三角形をしていたら、家具を動かすときに弾むことはないものの、少々不規則な転がりかたをする。なぜか。転がるとき、中心（あるいは重心）は、円の場合なら面に対して一定の平行線上にとどまるが、ルーローの三角形の場合はそうならないからだ。こうしたルーローの三角形を横から見たところが図1.19である。

図 1.19

　ルーローの三角形を調整して、その特性を失わずに角を丸くすることもできる。ルーローの三角形を生成するのに使われた正三角形の辺（長さ s）を、各頂点を通って同じ量（a とする）伸ばし、それから三角形の頂

点を中心にして交互に六つの円弧を描くと（図1.20），結果は「丸い角」になって滑らかに転がる，修正ルーローの三角形となる。

　今度は，この修正ルーローの三角形の幅が一定で，その周長の幅に対する比が π であることを証明する必要がある（図1.20）。

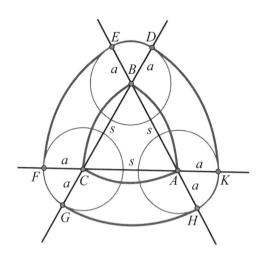

図1.20

　小さいほうの「角の弧」の長さの合計は

$$3\left(\frac{1}{6}\right)(2\pi a)$$

　大きいほうの「辺の弧」の長さの和は

$$3\left(\frac{1}{6}(2\pi)(s+a)\right)$$

　つまり，6本の円弧の和は $\pi(s+a)+\pi a = \pi(s+2a)$ となる。幅は $(s+2a)$ で，周長と幅の比は π になる。思いも寄らないところでまた π が姿を現わした。これに対して，直径 $(s+2a)$ の円の円周は $\pi(s+2a)$

で，ルーローの三角形の場合に等しい。

　また，ルーローの三角形には，この形のドリルの刃なら，丸い穴ではなく，〔角の丸い〕正方形に近い穴が開けられるという驚きの性質もある。言いかたを変えると，ルーローの三角形はしかるべき大きさの正方形の各辺に必ず接するということだ（図1.21, 1.22）。しかし念を押すと，このドリルは定まった軸を中心に回転するのではなく，ルーローの三角形の中心は正方形のなかで回転し，ほとんど円を描く。もっと正確に言うと，その形は四つの楕円弧から成る（円は幅が一定で，対称の中心がある唯一の曲線）。

　イギリス人技術者ハリー・ジェームズ・ワット[5]は，ペンシルベニア州タートルクリークに住み，1914年にこのことに気づき，こうしたドリルを作れるようにして，1917年にアメリカの特許（1241175号）を取得した。正方形の穴を開けられるドリルの生産は，1916年，ペンシルベニア州ウィルマーディングにあるワット兄弟の工場で始まった。ルーローの三角形は必ず正方形の辺に接する。それによって正方形の辺の形に削りながら，正方形の角に近いような形で削るべく回転する（あらためて図1.21, 1.

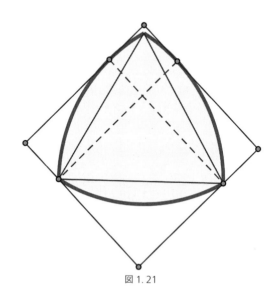

図 1.21

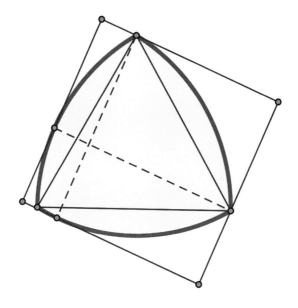

図 1.22

22 参照）。

　ドイツ人技術者フェリクス・ヴァンケル（1902〜1988）は，自動車用に，燃焼室のなかでルーローの三角形を回転させる内燃機関を作った。可動部分が少なく，大きさのわりには従来のピストンエンジンより馬力が出た。ヴァンケルエンジン〔ロータリーエンジン〕が最初に試作されたのは1957年で，実際に生産されたのは1964年，日本の自動車メーカー，マツダによる。やはりルーローの三角形の珍しい性質がこの種のエンジンを可能にした。

　この円に似たルーローの三角形に関する，おもしろくて役に立つアイデアは，ほかにも数多くある。

　ここで円にまつわる図形の幾何学についての基本ツールを手にしたところで，円の世界をめぐる冒険で待ち受ける，数々の驚異と向き合う準備が整った。

第 ② 章

幾何学における特別な役割

　平面幾何学の大部分は，三角形，四辺形などの多角形，つまり直線図形に注目する。しかし円が登場すると，幾何学の舞台を賑わす多くの特質が明らかになる。たとえばヘロンの公式と呼ばれる平面幾何学の有名な定理（あるいは公式）は，三角形の辺の長さがわかっていれば，どんな三角形の面積でも求められる。アレクサンドリアのヘロン（10頃～70頃）は著書『メトリカ』で，辺の長さが a, b, c の三角形の面積は $\sqrt{s(s-a)(s-b)(s-c)}$ になると述べた。ただし s は半周長で，

$$s = \frac{a+b+c}{2} \text{ とする。}$$

　この公式によって，辺の長さがすべてわかっている場合は，その面積を簡単に求められる。

　この公式がどれほど見事に機能するかを見るために，ヘロンの公式を用いて，辺の長さが $13, 14, 15$ —— したがって半周長が 21 となる三角形の面積を求めてみると，$\sqrt{21(21-13)(21-14)(21-15)} = \sqrt{7056} = 84$ になる。

　四辺形の面積を求める場面においても，こんな公式があったらうれしいだろうが，残念ながら，これに似た，任意に描かれたどんな四辺形にもあてはまる簡単な公式は存在しない。実は，そんな公式はありえない。四辺形の形は辺の長さだけでは決まらないので，面積も決まらないのだ。しかしそこで円の出番となる。四辺形に，その頂点が同じ円周上

にあるという性質があれば（この場合，その四辺形は円に内接する四辺形と呼ばれる），たしかに同様の公式が存在する。

628 年，インドの数学者ブラフマグプタ（598~665 頃）は，『ブラーフマスプタ・シッダーンタ（梵天により啓示された正しい天文学）』を著し，その第 12 章と第 13 章が数学にあてられていた。そこには，円に内接する四辺形の辺の長さだけがわかっている場合の面積を求める公式が紹介されている。この公式はヘロンによるものとよく似ていて，それによると，円に内接する四辺形の面積は $\sqrt{(s-a)(s-b)(s-c)(s-d)}$ に等しい。なお，ここでも s は，次の半周長を表わす。

$$s = \frac{a+b+c+d}{2}$$

円に内接する四辺形の向かい合う角は補角を成すので，長方形はすべて円に内接する。ゆえに，この公式を使って長方形の面積も求められる。縦と横が a と b の長方形があるとすると，半周長 $s = a+b$ となる。ブラフマグプタの公式を当てはめると，$\sqrt{(a+b-a)(a+b-b)(a+b-a)(a+b-b)}$ $= \sqrt{a^2 b^2} = ab$ となり，長方形の面積は単純に縦と横の積という，すでにおなじみの結果が出てくる。

ヘロンの公式に似たものを作るには，四辺形のなかでも円に内接する四辺形を登場させなければならなかったが，四辺形は四辺の長さだけでは決まらないことを忘れないようにしよう。言い換えれば，四辺の長さが同じでも，形が異なる四辺形は無数にある。特定の長さが与えられた四辺形のうち，面積が最大になるのが円に内接する四辺形だ。これは凸四辺形〔すべての内角が 180° 未満〕の面積を求めるもっと一般的な公式からわかる。それは

$$\sqrt{(s-a)(s-b)(s-c)(s-d) - abcd \cdot \cos^2\left(\frac{\alpha+\gamma}{2}\right)}$$

で，α と γ は一組の向かい合う角の大きさを表わす。辺の長さとともに角度がわかってしまえば，四辺形の形は決まる。この式とブラフマグプ

タの式が整合することを示すために，四辺形が円に内接するには向かい
合う角が互いに補角を成す，つまり和が 180° であることを思い出そう。
したがって，円に内接する四辺形では，次が成り立つ。

$$\frac{\alpha+\gamma}{2} = \frac{180°}{2} = 90°$$

$\cos 90°$ は 0 なので，

$$abcd \cdot \cos^2\left(\frac{\alpha+\gamma}{2}\right) = 0$$

となって，ブラフマグプタが見つけた，円に内接する四辺形の公式，
$\sqrt{(s-a)(s-b)(s-c)(s-d)}$ が残る。

　円に内接する四辺形については，なかなか変わった作図法がある。任
意に描いた四辺形における，角の二等分線の交点を求めればよい。図
2.1 では，まず四辺形 $ABCD$ を描き，それぞれの角の二等分線 $AE, BG,$
CG, DE を作図する。それでできる 4 点 E, F, G, H は，円に内接する四
辺形を成す。その理由は実に単純だ。示さなければならないのは，向か
い合う一組の角（x と y）が補角を成すことで，$\angle x = 180° - (k+m)$，か
つ $\angle y = 180° - (n+p)$ である。この二つの式を足すと，$x+y = 360° -$
$(k+m+n+p)$ が得られる。ところが $2k+2m+2n+2p = 360°$ なの
で，$k+m+n+p = 180°$ となる。すると $x+y = 360° - 180° = 180°$ が
得られ，これは向かい合う角の一組（$\angle GHE$ と $\angle GFE$）が補角を成すこと
を示しており，したがって，四辺形 $EFGH$ は円に内接する。円に内接
する四辺形は，直線図形を円につなげる重要な連絡路である。必ず円に
内接する三角形とは違い，すべての四辺形が円に内接するわけではない
からだ。

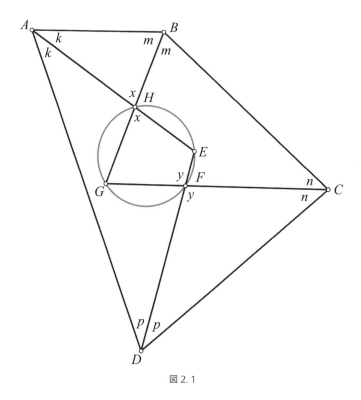

図2.1

プトレマイオスの定理

　ほかにも円がもたらす驚くべき関係が成り立つ四辺形がある。これは，英語圏ではトレミーとも呼ばれるアレクサンドリアのクラウディオス・プトレマイオス（90〜168頃）によるとされる。天文学の大著『アルマゲスト』（150頃）の第1巻では，円に内接する四辺形の対角線の長さの積は，2組の対辺の長さの積の和に等しいと言われている。つまり，図2.2にあるように，辺の長さを a, b, c, d とし，対角線の長さを e と f とすると，$ac + bd = ef$ が成り立つ。

　プトレマイオスの定理を円に内接する長方形に適用すると，おなじみの関係が見えてくる。長方形の対辺は等しく，対角線も等しい。したがって，プトレマイオスの定理を縦横の長さが a と b で，対角線の長さ c

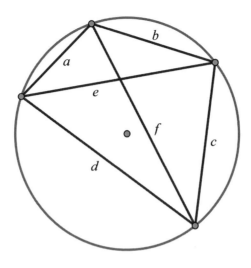

図 2.2

の長方形に適用すると，$a \cdot a + b \cdot b = c \cdot c$ が得られる。これをもっとな
じみのある形にすれば，$a^2 + b^2 = c^2$ —— なんと有名な三平方の定理で
はないか[1]。

多角形の外接円上にある点

　円周上の点もきわめて注目すべき関係を見せてくれる。たとえば，図
2.3 の二等辺三角形 ABC〔$AB = AC$〕に外接する円周上の点 P を考えよ
う。プトレマイオスの定理を使うと，次の等式を導くことができる。

$$\frac{PA}{PB + PC} = \frac{AC}{BC}$$

　これは，円に内接する四辺形 $ABPC$ にプトレマイオスの定理を適用
して，$PA \cdot BC = PB \cdot AC + PC \cdot AB$ が得られるが，$AB = AC$ なので，
$PA \cdot BC = PB \cdot AC + PC \cdot AC = AC(PB + PC)$ となり，これを整理す
ると，

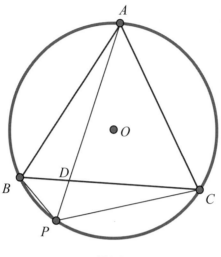

図2.3

$$\frac{PA}{PB+PC} = \frac{AC}{BC}$$

ΔABC が正三角形なら，$PA \cdot BC = PB \cdot AC + PC \cdot AB$ からさらにシンプルな関係を導ける。すなわち正三角形の3辺はすべて等しいので

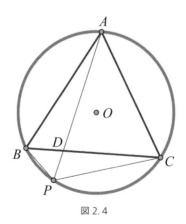

図2.4

$(BC = AC = AB)$, $PA = PB + PC$ となる。これは, 図 2.4 に示した正三角形 ABC を考えれば簡単に導ける。

今度は, 正方形に外接する円周上の点を考えよう (図 2.5)。やはり, 点 P と内接する正方形の各頂点を結ぶ線分のあいだにきれいな関係が得られる。

先に見た二等辺三角形に成り立つ等式を, 図 2.5 の二つの二等辺三角形, すなわち $\triangle ABD$ と $\triangle ABC$ に適用し, まず, 次のことを考える。

二等辺三角形 $ABD(AB = AD)$ から, $\quad \dfrac{PA}{PB + PD} = \dfrac{AD}{DB}$ \hfill (I)

同様に, 二等辺三角形 ADC では, $\quad \dfrac{PD}{PA + PC} = \dfrac{DC}{AC}$ \hfill (II)

$AD = DC$ かつ $DB = AC$ なので, $\quad \dfrac{AD}{DB} = \dfrac{DC}{AC}$ \hfill (III)

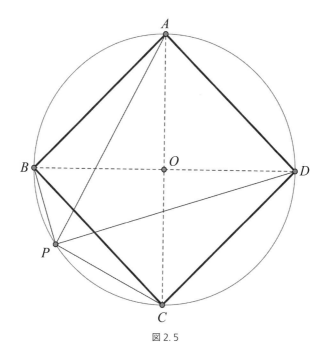

図 2.5

式（I），（II），（III）から，最終的に次が得られる。

$$\frac{PA}{PB+PD} = \frac{PD}{PA+PC} \quad つまり \quad \frac{PA+PC}{PB+PD} = \frac{PD}{PA} \quad で，$$

これは正方形 $ABCD$ の外接円上の点 P が生み出す関係である。

図2.6のように，点 P が正五角形の外接円上にあるとき，これまた意外な等式，$PA+PD = PB+PC+PE$ が出てくる。

この証明はこれまでよりは少々複雑だが，見事な結果が手間賃となる。プトレマイオスの定理をまず四辺形 $ABPC$ に当てはめると，次が得られる。

$$PA \cdot BC = BA \cdot PC + PB \cdot AC \qquad (I)$$

それからプトレマイオスの定理を四辺形 $BPCD$ に当てはめて，次を得る。

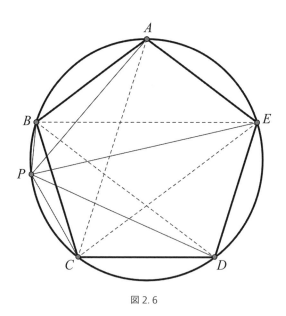

図 2.6

$$PD \cdot BC = PB \cdot DC + PC \cdot DB \qquad \text{(II)}$$

（I）と（II）を足して，$BA = DC$ と $AC = DB$ に注目すると次のようになる。

$$BC(PA + PD) = BA \cdot (PB + PC) + AC \cdot (PB + PC) \qquad \text{(III)}$$

ところが，先に図2.3の二等辺三角形について確かめた関係を二等辺三角形 BEC に当てはめると，以下のようになる。

$$\frac{CE}{BC} = \frac{PE}{PB + PC} \quad \text{つまり} \quad \frac{PE \cdot BC}{PB + PC} = CE = AC$$

AC の値を（III）に代入すると，次が得られる。

$$(BC) \cdot (PA + PD) = (BA) \cdot (PB + PC) + \left(\frac{PE \cdot BC}{PB + PC} \right)(PB + PC)$$
$$= (BA) \cdot (PB + PC) + (PE \cdot BC)$$

ところが $BC = BA$ なので，この結果は $PA + PD = PB + PC + PE$ となる。

正三角形の外接円上の点について確かめた関係式を用いれば，図2.7にあるような六角形 $ABCDEF$ の外接円上の点 P について確認することもできる。この場合，次のようになる。

$$PE + PF = PA + PB + PC + PD$$

今度は先に見た，正三角形の外接円上に点 P が置かれると生じる関係を使うことができる。この場合に利用する二つの三角形は，正三角形 AEC と正三角形 BFD で，それぞれから，$PE = PA + PC, PF = PB + PD$ が得られる。この二つの式を足すと，望む結果，すなわち $PE + PF = PA + PB + PC + PD$ が得られる。これまでの例からわかるように，円上の点から内接正多角形の頂点までの距離は，注目すべき関係を生む。意欲のある読者は，このパターンを正七角形，八角形，九角形，十

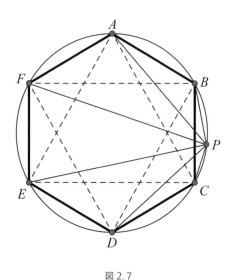

図 2.7

角形……と広げていただきたい。

シムソンの定理

　三角形の外接円上の点にはほかにも魅力的な性質があって、たとえば今度はこんな例を紹介しよう。

　三角形の外接円上の任意の点から三角形の各辺へ引いた垂線の足は、同一直線上にある。

　これは「シムソンの定理」、あるいは「シムソン線」と呼ばれる。そしてこの名称は、数学史に残る不当な扱いの一つである。この定理は、実際には 1799 年、スコットランドの数学者ウィリアム・ウォレス（1768〜1843）が、トマス・レイボーンが編集していた数学誌『数学の宝庫』で発表しているからだ。当時、ユークリッドの『原論』を英訳して有名だったのがロバート・シムソン（1687〜1768）であった。ユークリッド幾何学とつながりの深いこの人物の名がとてつもなく知られていたせ

いで，この時期に，いくつもの幾何学の発展——この定理のような——がシムソンの手によるものと考えられていたのだ。この定理をシムソンの功績と言うのは間違いだが，その名残で今でも「シムソンの定理」と呼ばれている。

さて，この見事な定理を詳しく見てみよう。図2.8では，ΔABC が円に内接していて，点 P はその円周上のどこにあってもよい。点 P から，三角形の3辺のそれぞれに垂線を引き，垂線の足をそれぞれ点 X, Y, Z とする。シムソンの定理によれば（あるいは「ウォレスの定理」と言うべきか），この3点 X, Y, Z は必ず同一直線上にある。

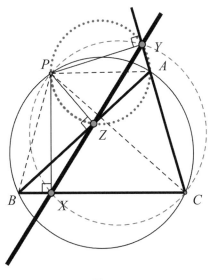

図 2.8

この見事な定理が実際に成り立つことを示すのは，幾何学の威力を実感するうえで恰好の練習問題となる。まず図2.8を参照して，$\angle PYA$ が $\angle PZA$ と補角を成すことに注目する（どちらも直角だから）。四辺形の向かい合う角が補角を成すとき，その四辺形は円に内接することを思い出そう。したがって，四辺形 $PZAY$ は円に内接する。今度は PA，

PB, PC を引く。四辺形 $PZAY$ に外接する円を考えると，$\angle PYZ =$ $\angle PAZ(\angle PAB)$ が成り立つ。この二つの角は同じ円弧 PZ を切り取るので等しい。

同様にして，二つの直角 $\angle PYC$ と $\angle PXC$ が補角を成しており，それによって，四辺形 $PXCY$ は円に内接することがわかる。ゆえに，先と同じく，$\angle PYX = \angle PCB$ となる。どちらも同じ円弧 PX を切り取るからだ。

今度は円に内接する四辺形 $PACB$ から，次が得られる。

$$\angle PAZ(\text{つまり } \angle PAB) = \angle PCB$$

角に関する三つの等式から，それを $\angle PYX = \angle PCB = \angle PAZ =$ $\angle PYZ$ とまとめられる。つまり，単純に $\angle PYX = \angle PYZ$ となり，これは点 X, Y, Z は同一直線上にあることを意味する——こうしてシムソ

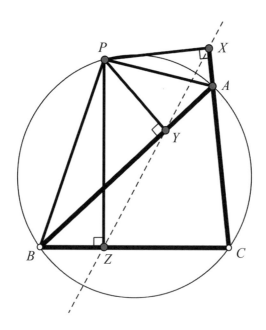

図 2.9

ンの定理が証明された。逆も成り立つことにも注目してほしい。

　この垂線には，同一直線上にあるだけでなく，その長さのあいだにも特筆すべき関係が成立する。図2.9では，点 P が $\triangle ABC$ の外接円上にあり，垂線 PX, PY, PZ がそれぞれ辺 AC, AB, BC に引かれる。そこから $PA \cdot PZ = PB \cdot PX$ という興味深い等式が出てくる。

　この等式を示すために，二つの四辺形，$PYZB$ と $PXAY$ が円に内接することを確かめる。四辺形 $PYZB$ が円に内接するのは，直角 $\angle PYB$ と $\angle PZB$ がともに辺 PB を見込む角で，四辺形の一辺が，それと向かい合う二つの頂点から見込む角が等しければ，その四辺形は円に内接するからだ。ゆえに，$\angle PBY = \angle PZY$ となる。$\angle PXA = \angle PYA = 90°$ なので，四辺形 $PXAY$ も円に内接する。ここでも $\angle PXY = \angle PAY$ がわかる。点 X, Y, Z はシムソン線上にあるので $\triangle PAB \sim \triangle PXZ$ であり，それに基づいて，次の式が成立する。

$$\frac{PA}{PX} = \frac{PB}{PZ}$$

すると $PA \cdot PZ = PB \cdot PX$ が得られる。これで証明終了。

　図2.10では，シムソン線をめぐるまた別の注目すべき特色を明らかにする —— $\triangle ABC$ にシムソン線を当てはめよう。その特色とは，$\triangle ABC$ の高さ AD が点 P で外接円に交わるなら，点 P についての $\triangle ABC$ に対するシムソン線（XDZ）が点 A での円の接線 AG に平行になるということだ。

　この関係の成立を示すべく，まず，線分 PX と PZ はそれぞれ，$\triangle ABC$ の辺 AC と AB に垂直であることを取り上げる。図2.10に示されるように，線分 PB を引く。四辺形 $PDBZ$ に注目すると，$\angle PDB = \angle PZB = 90°$ なので，この四辺形は円に内接するとわかり，ゆえに $\angle DZB = \angle DPB$ も導ける。どちらも弧 DB の円周角だからだ。

　$\triangle ABC$ の外接円を考えるとき，弧 AB の円周角となる，大きさが同じ角が二つあることに気づく。つまり，$\angle GAB = \frac{1}{2}$（弧 AB）$= \angle APB$（または DPB）で，要するに，$\angle GAB = \angle DPB$ となる。すると $\angle DZB$

$= \angle GAB$ で，この二つの角は二直線 AG と XDZ の，横断線 ABZ によってできる錯角である。ゆえに，このシムソン線は，点 A での接線に平行となる。

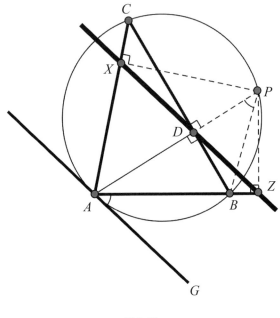

図 2.10

シムソンの定理やその逆を使うことによって，幾何学的に成立するさらなる関係が得られる。以下にいくつか取り上げてみよう[2]。

1. 三角形 ABC の辺，AB, BC, CA が，それぞれ点 Q, R, S で横断線に切られる。図 2.11 に示すように，三角形 ABC と三角形 SCR の外接円どうしが点 P で交わる。点 P は三角形 ABC の外接円上にあるので，点 X, Y, W は同一直線上にある（シムソンの定理）。同様に，点 P は三角形 SCR の外接円上にあるので，Y, Z, W は同一直線上にある。したがって，点 X, Y, Z は同一直線上にある。つ

まり，点 P はシムソンの定理の逆によって，三角形 AQS の外接円上になければならない。ゆえに四辺形 $APSQ$ も円に内接することになる。

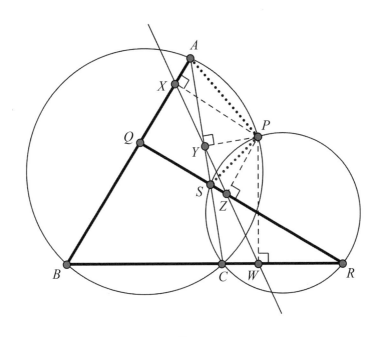

図 2.11

2. 図 2.12 では，O を中心とする円に内接する直角三角形がある（$\angle A = 90°$）。ΔABC の点 P に対するシムソン直線 XYZ が直線 AP と点 M で交わる。するとおもしろいことに，直線 MO は点 M で AP に直交する。

3. 図 2.13 では，線分 AB, BC, EC, ED が交わって，四つの三角形，$\Delta ABC, \Delta FBD, \Delta EFA, \Delta EDC$ ができる。それぞれの三角形に外接円を描くと，四つの円は共通の点 P を通ることがわかる。

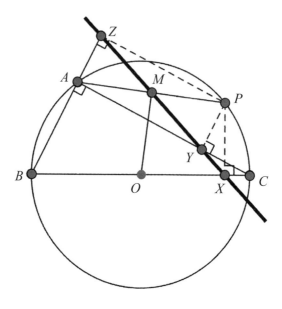

図 2. 12

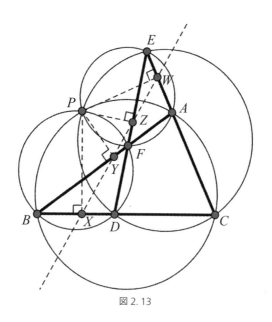

図 2. 13

ミケルの定理

　先の例では，四つの三角形の外接円に共通の交点があった。同じような調子で，一つの点を共有する三つの円にもきわめて印象的な関係があり，こちらの場合は一つの三角形の助けを借りて明らかにすることができる。フランスの数学者オーギュスト・ミケル（1816〜1851）の名から取った「ミケルの定理」である。1838 年，リウビルによる数学誌『純粋応用数学誌』で発表されたこの定理は，今日ではウィリアム・ウォレスとヤーコプ・シュタイナーがすでに知っていたとされているが，ミケルの名のままで残っている。この定理は，次のことを述べている。

　　三角形の各辺で 1 点を選べば，各頂点とその両側の辺上の点で決まる
　　円はすべて共通の 1 点を通る。

　このことは図 2.14 に描かれていて，三つの円には $\triangle ABC$ の二つの隣接する辺上の点と，その辺が挟む頂点が含まれ，すべて共通の点 M を通る。この点を「ミケル点」と呼ぶ。

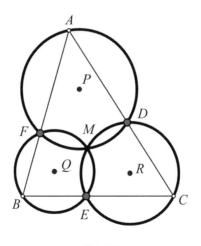

図 2.14

ミケル点の命題は，△ABC の辺の延長上にある点で決まる円について
も導くことができる。この場合の状況は図 2.15 のように描ける。

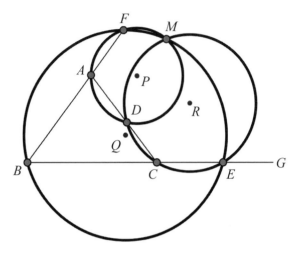

図 2.15

　どちらの場合にも，各円には，△ABC の辺（あるいはその延長）上の二つ
の点とその辺が挟む頂点が含まれ，三つの円は共通の点 M を通る。

　そうなる理由はわりあい簡単だ。点 M が，図 2.16 にあるように
△ABC の内部にある場合でこの問題を考えてみよう。点 D, E, F は，そ
れぞれ，△ABC の辺 AC, BC, AB 上の点である。まず，円 Q と R を，
それぞれ点 F, B, E と点 D, C, E によって決まるとし，点 M で交わると
考える。そこで線分 MF, ME, MD を引く。

　四辺形 BFME は円に内接し，円に内接する四辺形の向かい合う角ど
うしは補角を成すので，∠FME = 180° − ∠B となる。

　同様に，四辺形 CDME も円に内接するので，∠DME = 180° − ∠C で
ある。

　この二つの角を足すと，∠FME + ∠DME = 360° − (∠B + ∠C) とな
り，変形すると，∠B + ∠C = 360° − (∠FME + ∠DME) = ∠DMF と

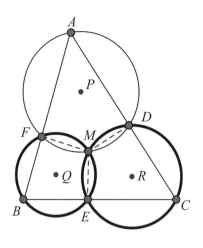

図 2.16

なる。ところが ΔABC では，$\angle B + \angle C = 180° - \angle A$ である。すると $\angle DMF = 180° - \angle A$ となるので，四辺形 $AFMD$ は円に内接すると言ってよい。これによって，点 D, A, F を含む円は，ほかの二つの円の共有点，つまり点 M を通ることがわかる。

図 2.17 では，点 M が ΔABC の外部にある。この場合，Q と R を中心とする二つの円の交点 M を考え，点 P を中心とし，点 A, D, F を通る円がやはり点 M を通ることを示す。つまり四辺形 $ADMF$ が円に内接することを示す必要がある。

手順は先と同様で，まず四辺形 $BFME$ が円に内接するので，$\angle FME = 180° - \angle B$ が言える。また四辺形 $CDME$ も円に内接するので，$\angle DME = 180° - \angle DCE$ である。今度は二つの式を引き算すると，$\angle FMD = \angle FME - \angle DME = \angle DCE - \angle B$ が得られる。ところが，三角形（この場合は ΔABC）の外角は，残りの二つの内角の和に等しいので，$\angle DCE = \angle BAC + \angle B$ である。そこで，$\angle DCE$ を先の式に代入すると，$\angle FMD = \angle BAC = 180° - \angle FAD$ が得られる。これはつまり，$\angle FMD$ と $\angle FAD$ が補角を成すということで，四辺形 $ADMF$ も円に内接する。これで中心を P とする円がほかの二つの円と同じ，ミケル

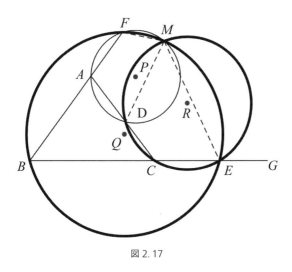

図 2.17

点と呼ばれる点を通ることがわかった。

　図 2.17 で見ておきたいところはほかにもある。三角形のミケル点とミケル三角形（ミケル点を定める DEF が作る三角形）の頂点を結ぶ線分は，元の三角形の対応する辺と成す角は等しい。たとえば，$\angle BEM = \angle ADM$ で，それぞれが $\angle AFM$ と補角を成すからである。同様の論証は，ほかの角にも適用できる。

　点 D, E, F は，どれも三角形の辺の延長上にあってもよい。ミケル点を生むのと同じ共点関係〔ここでは三つの円が同一の点を通ること〕が，ここでも成り立つ（図 2.18）。この場合の証明は，関心のある読者に委ねたい。

　ミケル点には，多くの驚くべき性質が組み込まれている。今度はそのうちのいくつかを探り，円の世界に生じる顕著な風物を堪能しよう。まず，図 2.19 に示すような四つの三角形を作る四つの直線を考える。三角形は，$\triangle ABD, \triangle BFE, \triangle CDE, \triangle ACF$ である。この三角形のそれぞれの外接円を描くと，なんとどの円も共通の点 M を通り，これはたとえば $\triangle ABD$ の C, E, F に対するミケル点でもあり，$\triangle ACF$ の B, E, D に対するミケル点でもある。さらに驚くことに，この図には，四つの円

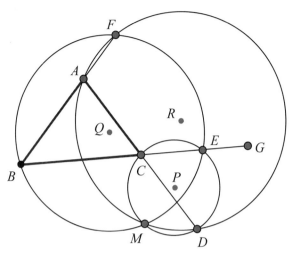

図 2.18

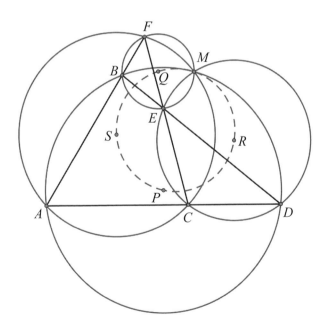

図 2.19

P, Q, R, S の中心がすべて同一の円上にあるという帰結も伴う。

　図 2.19 で使われた 4 本の直線ではなく，交差する直線を 5 本にするとしよう。この直線から一度に 4 本ずつ取り上げて考えるとすると，5 個のミケル点に達し，それは結局，同じ円の上にある —— これを「ミケル円」と呼ぶ。さらに，先に見たように，4 本の直線の集合のそれぞれが，4 個の外接円の中心を通る円を作る。もう一歩進めると 5 個の円がすべてある共通の点を通ることがわかる。この配置図にすることは，意欲のある読者にお任せする。

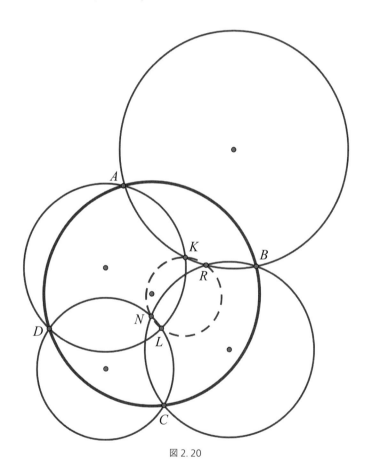

図 2.20

ミケルの定理に基づく，このような変化もある。任意の円をとって，その円上に4点A, B, C, Dをとる。それから隣り合う2点を通る円を描く。隣り合う円のそれぞれどうしが交わる点をK, R, L, Nとする。するとこの4点も，図2.20の破線で示した一つの円上にある。

　ミケルの定理は三角形だけでなく，多角形に拡張できる。5点A, B, C, D, Eを，そのいずれの三つも同一直線上に並ばないようにとり，またその5点をこの順につなぐ5本の直線をとる。ランダムに描かれる五角形ができ，その辺を延ばすと五芒星形ができる。図2.21では，五角形の2頂点を通る円が，それぞれ五芒星形の頂点の一つも通るように描かれている。このようになる場合，隣接する二つの円の交点の一方は，やはり共円（同一の円周）上にある。

　他方，次のように似たような帰結も導かれる。五つの円を，中心が同

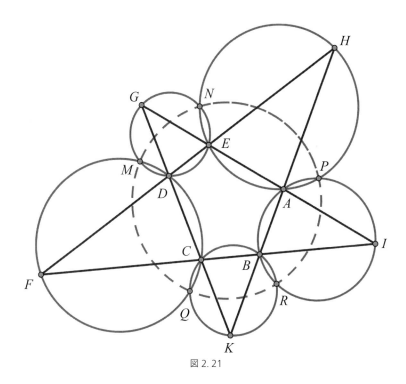

図2.21

一の円周上にあるようにして描く。また別の円と2点で交わるように
し，その一方が円の中心になるようにする。隣接する交点——円の中心
ではないほう——をつなぐと五芒星形ができ，その各頂点は当初の五つ
の円の一つの上にある。

　幾何学の世界には，ミケル点を含む美しい関係がいくつかある。三角
形の頂点がいずれも別の三角形の各辺上にあるとき，第一の三角形は第
二の三角形に内接すると言う。すると，二つの三角形が同じ三角形に内
接し，ミケル点が共通であると，両者は相似な三角形となる。図をあま
りごちゃごちゃにしないために，ミケル点を定める外接円を省略したも
のを図2.22に示す。そこでは ΔFDE と $\Delta F'D'E'$ は，それぞれが ΔABC
に内側に接しており，ミケル点 M を共有していて，そのため両者は相似
である。

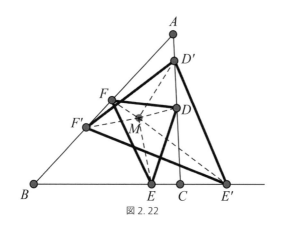

図2.22

　相似三角形は，ミケル点を通る三つの円の中心でできる三角形を考え
てもできる。そうしてできる新たな三角形は元の三角形に相似である。
図2.23では，ミケル円の中心 P, Q, R でできる三角形は元の ΔABC に
相似となる。

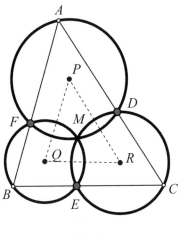

図 2.23

九点円

　任意の同一直線上にない 3 点で円が一つだけ決まることはよく知られ
ている。その円周上に別の 1 点をとると，円に内接する四辺形ができ
る。数学者を長年とりこにしてきたのは，その円を決める 3 点以外に，
どんな点が同じ円周上にあるかを決めることだった。1765 年，スイスの
高名な数学者レオンハルト・オイラー（1707～1783）は，実は三角形上の 6
点，つまり各辺の中点と，頂点から対辺に下ろした垂線の足とが同じ円
周上にあることを示した。それから少しあとの 1820 年，フランスの数
学者，シャルル=ジュリアン・ブリアンション（1783～1864）と，ジャン=ヴ
ィクトル・ポンスレ（1788～1867）が，「与えられた四条件によって，直角
双曲線を決定することについての研究」という論文を発表し，そこで，
オイラーが発見した六点円の上に，三角形に関連する点がさらに 3 点あ
ることを証明した。三角形の頂点と垂心（頂点から対辺に下ろした垂線の交
点）を結ぶ線分の中点である。その円に最初に「九点円」という名をつけ
たのはこの二人だったが，この関係に最初に気づいていたのは，おそら
く別の人物だ。ただ，それが存在することの証明を最初に発表したの
が，ブリアンションとポンスレだった。

この9点がすべて同一円周上にあることを示すべく，段階的に証明を進め，最終的にこの9点がすべて同じ円周上にあるという結果に到達するとしよう。まず，オイラーが共円上にあると確認した6点が実際に同一の円周上にあることを示してみる。同一円周上にあると示したい6点とは，ΔABC の各辺の中点と，この三角形の頂点から対辺に下ろした垂線の足である。図 2.24 では，三角形の3辺の中点を A', B', C' としている。点 F は頂点 C から辺 AB へ下ろした垂線の足である。2辺の中点を結ぶ線分は第三の辺に平行で，長さは第三辺の半分となるという中点連結定理を思い出そう。ゆえに，$A'B' \parallel AB$ で，四辺形 $A'B'C'F$ は台形となる。

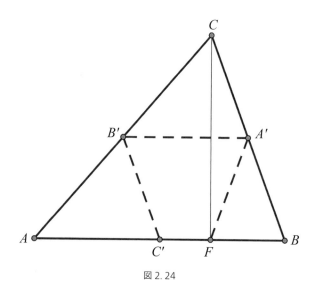

図 2.24

線分 $B'C'$ も ΔABC の中点を連結しているので，次が得られる。

$$B'C' = \frac{1}{2}BC$$

直角三角形の斜辺に対する中線〔頂点と対辺の中点を結ぶ線分〕は，斜辺

の長さの半分であることも示せる[3]。したがって，直角三角形 BFC については次も得られる。

$$A'F = \frac{1}{2}BC$$

すると $B'C' = A'F$ となるため，台形 $A'B'C'F$ は等脚台形である。それによって，この台形の向かい合う角が補角を成すため，この台形は円に内接すると導くことができる。つまり，頂点から下ろした垂線の足をとると，それが各辺の中点と同じ円周上にあることが言えた。この手順をほかの2本の垂線の足について繰り返せば，それぞれ辺の中点を通る同じ円の上にあることがわかる。ΔABC の各頂点からの3本の垂線の足と3辺の中点は，すべて同じ円の上にあると言えて，証明終了。これが，六点円を構成するためにオイラーの導いたことだった。ここから拡張する次なる課題は，各頂点と垂心を結ぶ線分の中点も，この，六点円であるとわかった円の上にあるかどうかを確かめることだ。

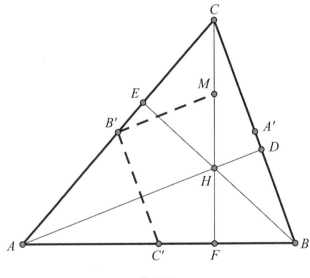

図 2.25

確認された六点円の上に残った 3 点を置く話に進むために，あらためて垂心を H とする ΔABC を考え，線分 CH の中点を点 M としよう。ただちに，線分 $B'M$ は ΔACH の中点を連結する線分となる。ゆえに，図 2.25 に示したように，$B'M$ は AH（つまり A から対辺に下ろした垂線 AD）に平行である。

　$B'M$ と $B'C'$ は，直交する AD と BC にそれぞれ平行なので，両者は互いに垂直である。したがって四辺形 $MB'C'F$ は，向かい合う角の一組が直角どうしなので補角を成し，これは四辺形が円に内接する条件を満たすので，円に内接することとなる。点 M は先の六点円の上にあるので，これで七点円が確保できた。この手順を線分 BH と AH の中点についても繰り返すと，最終的に図 2.26 で示したように，九点円が成り立つのである。

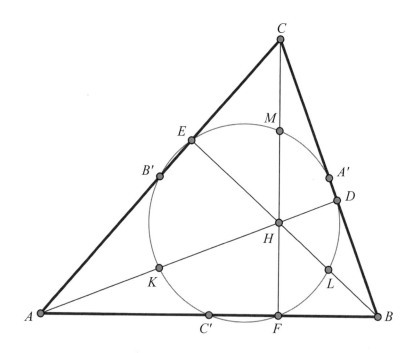

図 2.26

これで九点円ができることが確認できたので，この有名な円に見られる特筆すべき関係の調査に着手できる。たとえば，九点円の中心は垂心と三角形の外接円の中心を結ぶ線分の中点である。これは図 2.27 を見てほしい。点 N が九点円の中心であり，これは OH の中点にある。

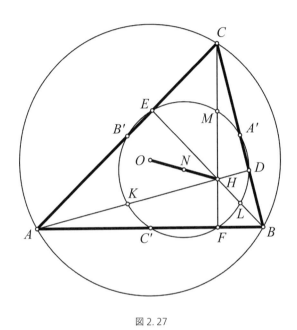

図 2.27

図 2.28 で言うと，N が OH の中点であることを示すために，四辺形 $OMHC'$ が平行四辺形で，N はその対角線の交点であると示す必要がある。AOR は $\triangle ABC$ の外接円の直径なので，OC' は $\triangle RAB$ の辺の中点を連結している。ゆえに，

$$OC' = \frac{1}{2}RB$$

半円の円周角が二つあり，これはつまり角 ACR と角 ABR が直角であることになり，$RB \parallel CF(CH)$ および $CR \parallel BE(BH)$ が導かれる〔$RB \parallel CF$

は RB と CF が平行であることを示す〕。これによって，四辺形 $CRBH$ は平行四辺形なので $RB = CH$ となり，次のことがわかる。

$$OC' = \frac{1}{2}CH = MH$$

OC' と MH は平行で，かつ長さが等しいので，$OMHC'$ は平行四辺形である。平行四辺形の対角線は互いに相手を二等分するので，N は OH の中点である。

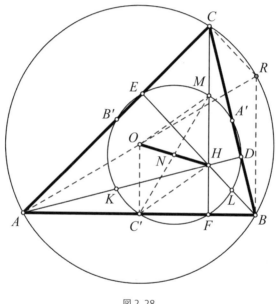

図 2.28

　九点円は，元の三角形とのあいだにいくつもの意外な事実を明らかにする。たとえば，九点円の半径は，三角形の外接円の半径の半分である。図 2.29 にある九点円の半径 MN が外接円の半径 OC の半分であることを示すには，次のようにすればよい。

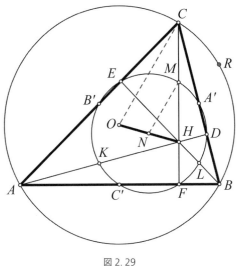

図 2.29

　図 2.29 で ΔCOH に注目すると，MN は三角形の辺の中点を結ぶことがわかる。したがって，

$$MN = \frac{1}{2}OC$$

であり，これはつまり，九点円の半径は外接円の半径の半分に等しいということだ。

　先に紹介したオイラーは 1765 年に発表した論文で，三角形の重心（三角形の 3 本の中線の交点）は，外接円の中心と九点円の中心を結ぶ線分を三等分すると証明した。図 2.30 において，三角形の重心 G は，線分 OH を三等分することを示したい。これを言い換えると次のようになる。

$$OG = \frac{1}{3}OH$$

その後，OH は三角形の「オイラー線」と呼ばれることになる。

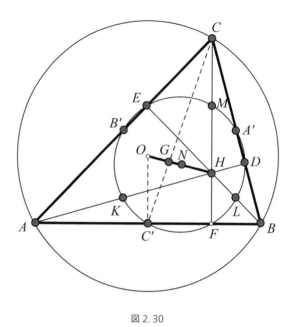

図 2.30

図 2.30 で，$OC' \parallel CH$ であることも，

$$OC' = \frac{1}{2}CH \text{ であることもわかるので，}$$

二つの三角形 $\triangle OGC'$ と $\triangle HGC$ は $1:2$ の比で相似である。したがって，対応する辺である OG と HG がこの比なので，次の等式が成り立つ。

$$OG = \frac{1}{3}OH$$

そこで今度は，点 G が三角形の重心であることを示す必要がある。先に見た相似の関係から，次のことがわかる。

$$GC' = \frac{1}{2}GC$$

あるいは言い換えると

$$GC' = \frac{1}{3}C'C$$

重心がそれぞれの中線を 3 等分することはわかっているので，点 G は三角形の重心とならざるをえない。こうして，三角形の重心はオイラー線を三等分することが確認できた。

この配置については，ちょっと変わった帰結も成り立つ。図 2.31 では，ΔABC の外接円の直径 CJ と辺 AB の交点を K として，線分 CK の中点 X は，垂線の足 F と九点円の中心 N と同一直線上にある。

さて，これまでに得た九点円に関する情報を使って拡張し，与えられた円に内接し，垂心が共通のすべての三角形は，まったく同じ九点円を共有するという命題が立てられる。そのことを証明するために，こうし

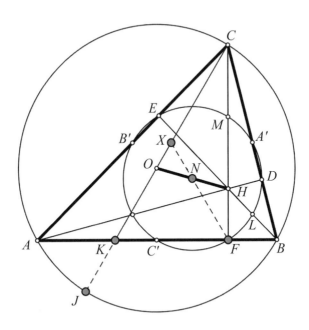

図 2.31

た三角形はすべて，外接円の中心 O と垂心 H によって決まるオイラー線を共有しなければならないという事実にさかのぼる。また，前述のとおり OH の中点は九点円の中心であることも知った。さらに，九点円の半径は，あらかじめ定まっている外接円の半径の半分であることも確認した。つまり，九点円を決定するための情報は十分そろっていて，それが外接円と垂心を共有するすべての三角形に共通となるというわけだ。

垂心について言えば，頂点から対辺に下ろす垂線のうちの 1 本を垂心からその垂線が外接円と交わる点まで伸ばすと，垂線の足（それが引かれた辺との交点）F は，垂心と，垂線と円の交点を両端とする線分を二等分することがわかる。

こんなところに中点がある（つまり図 2.32 の F が HS の中点である）とわかりやすく表示するために，図 2.32 では，角の識別用の番号をつけよう。ΔHBS が二等辺三角形であると示せれば，F は HS の中点であるこ

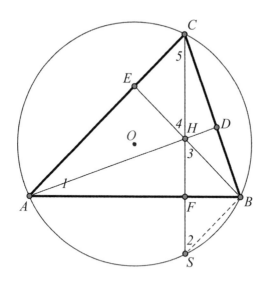

図 2.32

とがわかる。まず，∠BSC と ∠BAC は弧 BC の円周角なので等しい，つまり ∠1 = ∠2 であることに注目しよう。また，∠3 と，∠5 の余角である ∠4 が等しいこともわかる。ところが ∠1 も ∠5 の余角なので，一連の等式から，∠3 = ∠2 であることが言えて，したがって ΔHBS は二等辺三角形であり，F は HS の中点であることがわかる。

　三角形の高さを外接円まで延長したものを考えると，三角形の頂点は，隣の二つの頂点からの高さの延長と，外接円の交点で決まる円弧の，中点にあるとわかる。図 2.33 において，頂点 B が弧 TS の中点にあるということになる。それは次のように証明できる。まず，四辺形 $AFDC$ は円に内接することを確かめる必要があって，これは ∠AFC と ∠ADC が直角であることから言える。円 $AFDC$ に注目すると，∠DCF と ∠DAF はともに弧 DF の円周角だとわかる。ゆえに，この二つの角は等しい。同時に，この二つの角をそれぞれ ∠BCS と ∠TAB と見ると，この二つの等しい角が，それぞれ弧 BS と弧 TB を切り取る

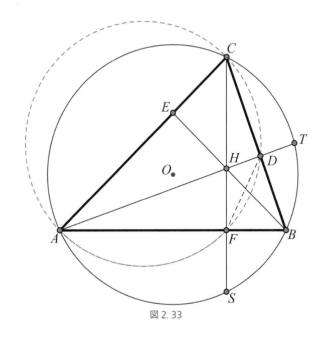

図 2.33

ので，二つの弧は等しいことになる。ゆえに，B は弧 TBS の中点である。

さて，この有名な九点円の話を締めくくるべく，九点円の重要で難解な性質の一つが，1822 年に，ドイツの数学者カール・ヴィルヘルム・フォイエルバッハ（1800～1834）によって発見されたことを書いておくべきだろう。フォイエルバッハは，図 2.34 に示すように，三角形の九点円は，内接円にも接し，三角形の三つの傍接円（三角形の外部にあって，三角形に接する円，詳細は第 5 章）にも接することを示した[4]〔「フォイエルバッハの定理」と呼ばれる〕。

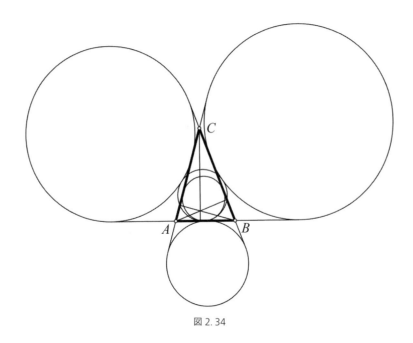

図 2.34

ここで九点円から離れるにあたって，このきわめて異例な幾何学的構造にある意外な面を，さらにいくつか列記しておきたい。以下のことについては，興味を持った読者がご自身で調べてみていただきたい。

- 内接円の中心，三つの傍接円の中心のうちどの三つによっても決まる三角形の九点円は，元の三角形の外接円である。

- 点 H が ΔABC の垂心なら，点 A は ΔHBC の垂心であり，点 B は ΔHAC の垂心であり，点 C は ΔHAB の垂心であることがわかる。
  - 意外にも，この四つの三角形はすべて同じ九点円を共有している。
  - さらに，この九点円の中心は，上記でできた四つの三角形に共通な九点円の中心と同じである。
  - さらに，この四つの三角形の四つの外接円の半径は等しい。

- 三角形に一つの固定された頂点と固定された九点円があるなら，この三角形の外接円の中心になれる点の集合は，一つの円を成す。

- ΔABC について，点 O は外接円の中心で，点 I は内接円の中心で，点 E は三角形の辺 BC に接する内接円の中心である。この三つの円の半径はそれぞれ，R, r, e とする。また，点 N は ΔABC の九点円の中心であり，点 G は重心である。その場合，以下の式が成り立つ。
  - $OE^2 = R^2 + 2Re^2$
  - $OI^2 = R^2 - 2Rr$
  - $IN = \dfrac{1}{2}R - r$
  - $EN = \dfrac{1}{2}R + e$
  - $R^2 - OG^2 = \dfrac{1}{9}(AB^2 + BC^2 + AC^2)$

- ΔABC について，垂心を H とし，外接円の中心を O とする。ΔBHC，ΔCHA，ΔAHB の外接円の中心をそれぞれ点 D, E, F とする。この状況では以下の結果が成り立つ。
  - 点 O は ΔDEF の垂心である。
  - 点 H は ΔDEF の外心である。

○ 点 A, B, C はそれぞれ，$\Delta EOF, \Delta FOD, \Delta DOE$ の外接円の中心である。
○ 以下の三角形はすべて，同じ九点円を共有する。
$\Delta ABC, \Delta DEF, \Delta BHC, \Delta CHA, \Delta AHB, \Delta EOF, \Delta FOD, \Delta DOE$

アルベロス

　有名なギリシア人数学者アルキメデス（紀元前287〜212）は，「アルベロス」あるいは「靴屋のナイフ」と呼ばれる，よく知られた図形の性質を発見したとされる。これは，図2.35に示したような三つの半円を境とする白い部分のことであり，二つの小さな半円の直径を合わせたものが，大きい半円の直径となっている。

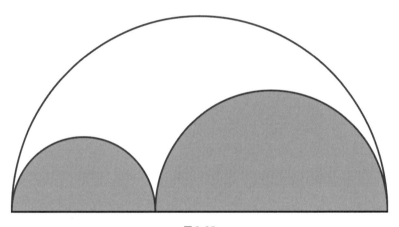

図2.35

　この図形でまず注目すべきは，小さいほう二つの半円の弧の長さの和が，大きい半円の弧の長さと等しいことである。図2.36のように表記すると（三つの半円の半径は $AD = r_1, BE = r_2, AO = R$），小さいほう二つの半円弧の長さは $\pi r_1 + \pi r_2 = \pi(r_1 + r_2) = \pi R$ となって，大きい半円弧の長さとなることが示される。

　ではこのアルベロスについて，いくつかの補助線を使って調べてみよ

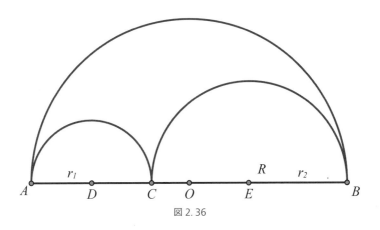

図 2.36

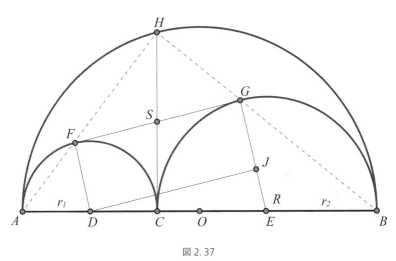

図 2.37

　う。図 2.37 に示したように，線分 AB に点 C を通って大きい半円に点 H で交わる垂線を作図する。それから小さいほう二つの半円に共通の接線を引いて，接点をそれぞれ F と G とし，HC との交点を S とする。最後に，点 D から半径 GE に垂線を引き，交点を J とする。

　$\triangle AHB$ を見てみよう。これは直角三角形で，斜辺に下ろした垂線 HC は，斜辺上の二つの線分，AC と BC の比例中項〔p. 15 参照〕であること

に注目すると，$HC^2 = 2r_1 \cdot 2r_2 = 4r_1 r_2$ が得られる。また，四辺形 $DFGJ$ は長方形なので，$FG = JD$ である。$JE = r_2 - r_1, DE = r_2 + r_1$ もわかる。ΔDJE に三平方の定理をあてはめると，$JD^2 = (r_2 + r_1)^2 - (r_2 - r_1)^2 = 4r_1 r_2$ となり，$FG^2 = 4r_1 r_2$ が得られる。ゆえに $HC = FG$ である。さらに一歩先へ進むと，SC が小さいほう二つの半円の共通内接線なので，$SF = SC = SG$ が言える。すると，二つの線分 FG と HC は互いを二等分し，かつ同じ長さであることがわかる。ゆえに，点 S を中心とする円は，点 F, C, G, H を含む。このことを図 2.38 に示す。

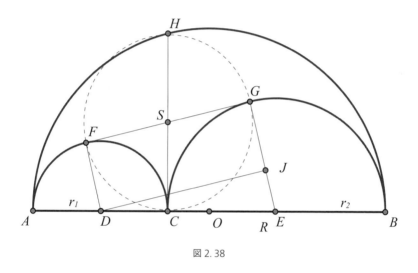

図 2.38

ここに円ができるのであれば，その円がアルベロスと特有の関係にあることがわかる。つまり，この円の面積は，アルベロス――三つの半円の弧で区切られた図形――の面積に等しい。これは次のように簡単に示すことができる。

アルベロスの面積は，大きい半円の面積を求め，そこから小さいほう二つの半円の面積を引けばよい。

$$\frac{\pi R^2}{2} - \frac{\pi r_1^2}{2} + \frac{\pi r_2^2}{2} = \frac{\pi}{2}(R^2 - r_1^2 - r_2^2)$$

ところが $R = r_1 + r_2$ なので，

$$\frac{\pi}{2}(R^2 - r_1^2 - r_2^2) = \frac{\pi}{2}((r_1 + r_2)^2 - r_1^2 - r_2^2) = \pi r_1 r_2$$

S を中心とする円の直径 FG は $2\sqrt{r_1 r_2}$ である。したがって半径は $\sqrt{r_1 r_2}$ で，面積は $\pi r_1 r_2$ となり，これはアルベロスの面積と等しい。

図 2.39 に示したように，アルベロスにはさらなる味わい深い性質がある。たとえば，線分 AH と BH 上にそれぞれ点 F, G があり，美しい共線関係〔同一直線上にあること〕が現われるのだ。

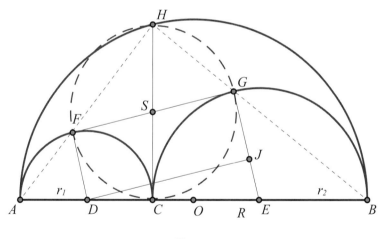

図 2.39

アルベロスについて言えることはほかにもいろいろある。図 2.40 に示した関係は，小さいほう二つの円弧の中点 P と U を求め，大きい半円弧の鏡像（AB に対する）の中点 Q をとって得られる。ここでは影つきの四辺形の面積が，小さいほう二つの半径を辺とする二つの正方形の面

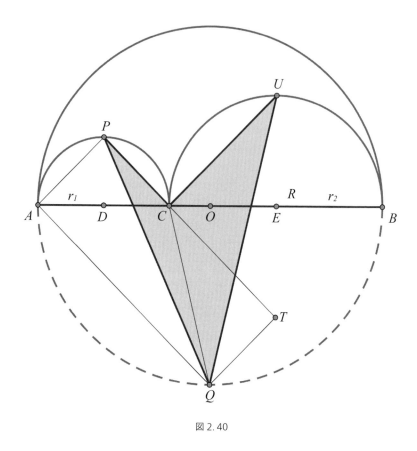

図 2.40

積の和に等しいことを示す。

　角 APC は半円の円周角なので直角。また，P と Q はそれぞれ半円弧の中点なので，$\angle PAC = 45° = \angle QAC$ となり，したがって $\angle PAQ$ は直角となる。PC の延長に向かって垂線 QT を作図することによって長方形が完成する。

　二つの三角形の底辺が共通で高さが同じなら，面積も等しい。これは $\triangle PCQ$ と $\triangle APC$ にあてはまり，この二つの面積は等しい。かくして，面積 $\triangle PCQ$ = 面積 $\triangle APC = \dfrac{1}{4}(2r_1)^2 = r_1^2$ となる。

　同様にして，面積 $\triangle UCQ$ = 面積 $\triangle UBC = \dfrac{1}{4}(2r_2)^2 = r_2^2$ がわかる。

したがって，影つきの四辺形の面積は $r_1^2 + r_2^2$ に等しい。

お楽しみ

おまけのようなものだが，図2.41のように，さまざまな円が交差するときの面積が等しいことが示せればうれしいものだ。この図には二つの半円（中心が D のものと E のもの）があり，その中心は大きい半円の直径上にあり，一方の半円は大きい半円と重なり，もう一つは下にある。小さい半円に点 T で接する接線を外部の点 A から引く。AT を直径として中心が R の円を作図する。読者のお楽しみとして，次の問題を出しておく。暗いほうの影付きの部分の面積は，R を中心とする円の面積に等しい。

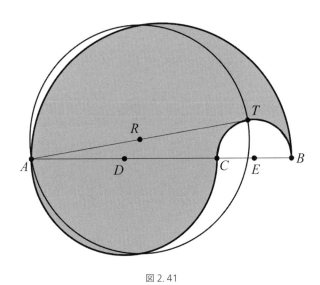

図2.41

第 $\left(\,3\,\right)$ 章

定理

この章では，味わい深くエンターテインメント性も高いながらも，た
ぶんそれほど"重要ではない"定理をいくつか見ていく。もちろん，ど
の定理が実際に"重要か"などとは言いづらいが，よく知られたものか
ら始め，それほどでもない領域まで踏み込んでいこう。ここで紹介する
定理すべてに共通することは，各々で円が果たす役割と，意外な帰結で
ある。

パスカルの定理

まず，フランスの哲学者であり数学者のブレーズ・パスカル（1623〜
1662）が発見した「パスカルの定理」という古典的な定理から始めよう。

$ABCDEF$ を六角形の頂点とし，すべて円 c 上にあるものとする。す
ると，六角形の対辺の交点，$P = AB \cap DE, Q = BC \cap EF, R = CD \cap FA$ が共通の直線 l 上にある（図 3.1）。〔この場合 $P = AB \cap DE$ は，AB と
DE の共通する点としての交点 P を表わす〕

点 A, B, C, D, E, F の円 c 上での位置や順番を変えつつ，六角形の対
辺の組合せは維持する，としてみよう。図 3.2 に図解したように，先に
定めた対辺の交点が同一直線上にあるということも成立する。この定理
の証明は付録 A に記す。

この定理からは，おもしろい関係がいくつも導かれるのだが，おそら
く最も注目すべきは，これが円だけでなく，あらゆる円錐曲線[1]に言える
ことだ。

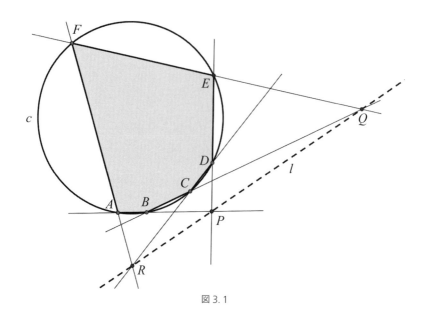

図3.1

　図3.1を撮影して，その写真をよく見てみよう（図3.3参照）。一般に，パースがかかることによって円は楕円に見えるようになる。もちろん直線はやはり直線に見えるので，ここでも P, Q, R が同一直線上にあることがわかる。

　驚くことに，円（実際にはその一部）が，写真では放物線や双曲線の一部に見える場合もある。実際にそう見えるように撮影するのは難しいのだが方法はある。カメラのレンズを，円がある面に対して垂直になるようにセットすると，レンズの位置が円周の外，円周上，円周の内側のいずれかによって，映る像はそれぞれ楕円，放物線，双曲線となる。この結果は円が大きくないとなかなか得られないが，実際にやってみてうまく見られたら目をみはるだろう。

　これは先述のとおり，パスカルの定理が楕円，放物線，双曲線上の6点についても成り立つことも意味している。この結果は図3.4に示したように，6点が一つおきに2本の直線上にある場合にも言える。

　2本の直線は，ある意味で退化した円錐曲線と考えられる。こちらの

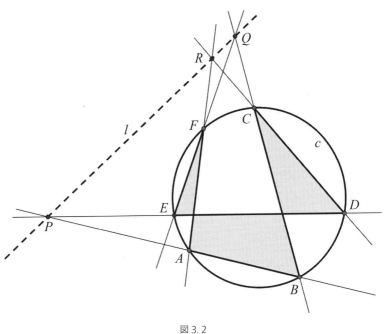

図 3.2

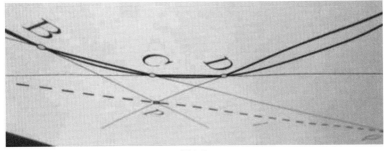

図 3.3

帰結は，ギリシアの有名な数学者，アレクサンドリアのパップス（290頃
～350頃）の名をとって，「パップスの（六角形）定理」と呼ばれている。と
ころでパスカルの定理は，六角形のいくつかの点が一致していても成り
立つ。図3.5には，C と E が一致しているところを示した。

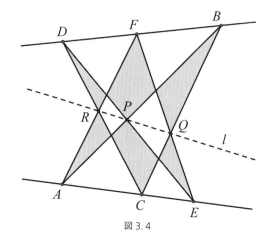

図 3. 4

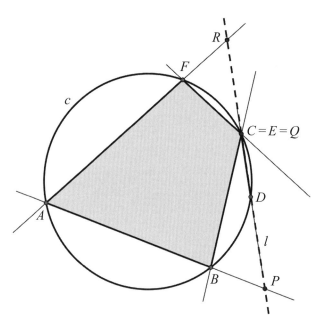

図 3. 5

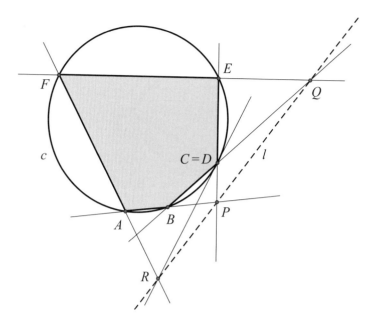

図3.6

　図では $CD = DE$ で，$Q = C = E$ なので，3点 P, Q, R は $CD = DE$ $= l$ 上にある。

　図3.6では，C と D が一致している場合が示されている。この場合には，RD が点 $C = D$ での c の接線なので，やはり P, Q, R は同一直線上にある。

　さらにこの華麗な6点間の関係を調べると，点 C と D を合致させるだけでなく，図3.7に示したように，E と F も合致させることができる。ここでも，点 P, Q, R が同一直線上にある。

　この配置での点と線の役割を入れ換えると，パスカルの定理からはまた別の美しい帰結が導かれる。この概念は，射影幾何学では「双対の原理」と呼ばれ，点と線という言葉が入れ換わる。このことは，次のような形で浮かび上がる。円は，図3.8の円の左側に見られるような，無限に多数の点 $P_1, P_2, P_3, \cdots\cdots$ の集合と考えることができる。

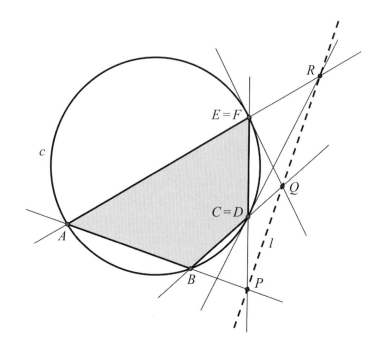

図 3.7

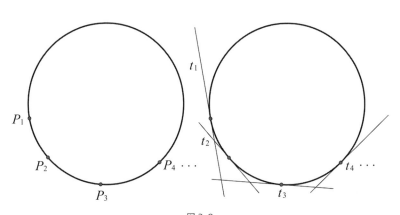

図 3.8

こうした無限個の点のそれぞれで円に接する接線は，一義的に 1 本だけ存在する。たとえば，P_1 における接線を t_1 とし，P_2 における接線を t_2 とし，以下同様にすると，円 c に対する接線は無限に引くことができる。

双対の原理は，点の集合と線の集合が入れ換え可能という概念に基づいている（この場合，線は接線のことだ）。円 c を，点の集合としてだけでなく，線（この場合接線）の集合としても考えられる。同時に，円 c の点と接線の役割を入れ換えつつ，そのような状況にあてはまるすべての定理で，点と線の役割を交換する。このような概念の交換は，必ず一方の「世界」で成り立つ定理が，それと「双対な世界」で成り立つ定理を生む，ということが証明できる（ただしかなり長くなるので，本書で扱う範囲を超える）ので，ここではそうなることを前提とする。

では，パスカルの定理の「双対」からわかることを見てみよう。

この定理では，共通円の上にある 6 点による六角形の特性を考えている。これをその双対の関係にあるものに換えれば，円上の点は円に対する接線となり，したがって同じ円の接線 a, b, c, d, e, f を 6 辺とする六角形との対応を考えることになる（図 3.9）。見方を変えれば，これは円に外接する六角形との対応を考えるということだ。元の配置での六角形の辺は，もちろん，六角形の頂点を結ぶ（たとえば辺 AB は点 A と点 B を結ぶ直線である）。それと双対の状況では，点 A と点 B が直線 a と直線 b に対応し，A と B に共通の線 AB は a と b の共有点 $a \cap b$ となる。他方，2 本の線に共通する点は，2 点の共通の線，つまり 2 点を結ぶ直線に対応する。たとえば元の配置での点 $P = AB \cap DE$ は，$a \cap b$ と $d \cap e$ で表わされる点をつなぐ線 p となる。また，同一直線上にある 3 点 P, Q, R，つまり共通の直線 l の上にある 3 点は，点 L を共有する 3 本の直線 p, q, r となる。

このことをすべて考えると，パスカルの定理の「双対」として次が得られる。

a, b, c, d, e, f を六角形の辺とし，すべて共通の円の接線とすると，六角形の向かい合う頂点を結ぶ直線（$a \cap b$ と $d \cap e$ を結ぶ p，$b \cap c$ と $e \cap f$ を結

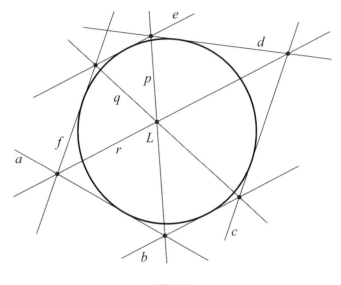

図 3.9

ぶ q，c∩d と f∩a を結ぶ r）は，共通の点 L を通る。

　この状況を描いたのが図 3.9 である。

　これを「ブリアンションの定理」と呼ぶ。先にも登場したフランスの数学者，シャルル゠ジュリアン・ブリアンションによるものだ。双対の原理の証明は詳述しなかったが，ブリアンションの定理を別途で証明することは可能なので付録 B に記しておいた。

　解釈のしかたによっては両者は同一のものと考えてよいのだが，ブリアンションの定理が発見されたのは，パスカルの定理（17世紀）よりかなり遅くなってから（19世紀）だった。これもまた味わい深い。もちろん双対の原理も 19世紀まで発見されていなかった。ところが，パップスの定理など 4世紀から知られていたのだ。

三角形のジェルゴンヌ点

　ブリアンションの定理について知ると，円の接線どうしを近づけるとどうなるかを考えることができる。図 3.10 の左側は図 3.9 のブリアン

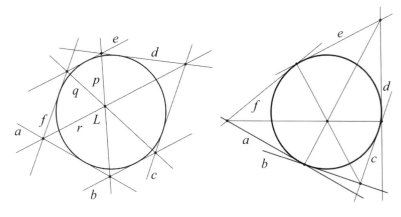

図 3. 10

ションの定理の図解と同じ。右側では，左の接線 a, c, e は同じにして，
接線 b, d, f をそれぞれ a, c, e に近づけた。

　円に外接する六角形が，今度は円に外接する三角形に近くなったよう
に見える。図 3. 10 を考えると，交点のうちの三つ，$a \cap b, c \cap d, e \cap f$
は，それが「三角形」の「内接円」の接点であるかのように見える。残
りの 3 点，$b \cap c, d \cap e, f \cap a$ は，「三角形」の頂点でもいいように見える。
これは，三角形の 3 頂点を，それぞれ向かい合う辺の内接円の接点と結
ぶ線は，図 3. 11 に図解するように，共通の 1 点を通らざるをえないとい
うことを意味するようだ。

　確かにその関係は成り立ち，この共通の 1 点 G は三角形の「ジェルゴ
ンヌ点」と呼ばれる。フランスの数学者ジョセフ・ジェルゴンヌ
（1771〜1859）に由来する（念のために言うと，G は三角形の内心，つまり三角形に
できる 3 本の角の二等分線の交点とは違う）。

　このジェルゴンヌ点の存在は，「チェバの定理」という，このあとで紹
介する三角形での共点関係に関する有名な定理の，シンプルな帰結なの
である。内接円の接点を図 3. 11 にあるように X, Y, Z とすると，線分
PY と PZ はともに同じ円に対する共通の 1 点からの接線となり，した
がって長さは等しい。同様に，QZ と QX，RZ と RY も同じ長さであ

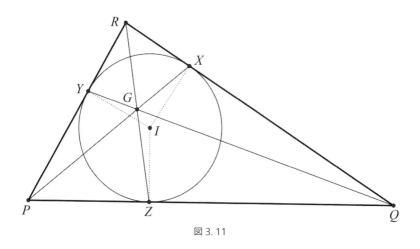

図 3. 11

る。したがって,

$$\frac{PZ}{QZ} \cdot \frac{QX}{RX} \cdot \frac{RY}{PY} = \frac{PZ}{PY} \cdot \frac{QX}{QZ} \cdot \frac{RY}{RX} = 1 \cdot 1 \cdot 1 = 1$$

が成り立ち, これはまさしくチェバの定理から, 直線 PX, QY, RZ が共通の 1 点を通るために要請される条件だ。

ブリアンションの定理のきわめて特殊な場合によって示唆されるように, すべての三角形が実際にジェルゴンヌ点を持つことも見えてくる。

チェバの弦定理

図 3.12 に描かれた状況について, パスカルの定理とブリアンションの定理という, 関連の深い定理のあいだのどこかに収まりそうなことが導かれる。

ここでは, 円周上に 6 点 A, B, C, D, E, F があり, 弦 AD, BE, CF が共通の 1 点 P を通っている。円周上で任意に 6 点を選んでも, この弦は必ずしも 1 点を通るわけではない。結局のところ, このような点に対するきわめて基本的な (しかしそれほどなじみのない) 条件があり, ときに「チェバの弦定理」と呼ばれることがある。この定理の命題は次のようにな

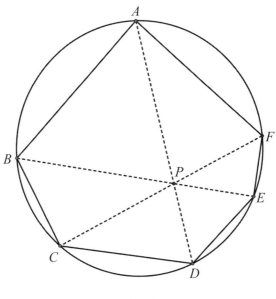

図 3. 12

っている。

　6 点 A, B, C, D, E, F が一つの円周上にあるとき，弦 AD, BE, CF は，次の等式が成り立つなら，その場合に限り，共通の 1 点 P を通る。

$$AB \cdot CD \cdot EF = BC \cdot DE \cdot FA$$

　これは，次のようにして証明できる。まず，弦 AD, BE, CF が実際に共通の 1 点 P を通ると仮定しよう。この場合，ただちに $\triangle ABP$ と $\triangle EDP$ が相似であることがわかる。P における角が対頂角となり等しく，また $\angle BAP = \angle DEP$ は同じ弧 BD の円周角で等しいからである。ここから次の比が得られる。

$$\frac{AB}{DE} = \frac{PA}{PE}$$

　同様にして，$\triangle EFP$ と $\triangle CBP$ も相似なので，次が得られる。

$$\frac{EF}{BC} = \frac{PE}{PC}$$

また，$\triangle CDP$ と $\triangle AFP$ も相似なので，次のようになる。

$$\frac{CD}{FA} = \frac{PC}{PA}$$

この三つの比をかけると，

$$\frac{AB}{DE} \cdot \frac{EF}{BC} \cdot \frac{CD}{FA} = \frac{PA}{PE} \cdot \frac{PE}{PC} \cdot \frac{PC}{PA}$$

が得られ，右辺は 1 に等しいので，次のようになる。

$$AB \cdot CD \cdot EF = BC \cdot DE \cdot FA$$

今度は逆を証明するべく，次のように仮定する。

$$AB \cdot CD \cdot EF = BC \cdot DE \cdot FA \ \text{が成り立つ。}$$

弧 CDE は，半円よりも小さいと仮定しても一般性を失わない（でなければ，弧 ABC か弧 EFA が小さくなるだけで，点の名をしかるべく置き換えればよい）。図 3.13 にあるように，P を BE, CF の共有点とし，X を AP と弧 CDE の交点とする。この点 X が D と同一なら，証明は完成する。そこで，X は D と同一ではないと仮定する。すでに示したように，AX, BE, CF は共通の点を通るので，$AB \cdot CX \cdot EF = BC \cdot XE \cdot FA$ が得られる。この逆のほうの証明のために，$AB \cdot CD \cdot EF = BC \cdot DE \cdot FA$ が成り立つことも仮定した。この二つの等式を合わせると，次が得られる。

$$\frac{CD}{DE} = \frac{BC \cdot FA}{AB \cdot EF} = \frac{CX}{XE}$$

しかし図 3.13 にあるように X は弧 DE 上にあるなら，$CX > CD$ かつ $XE < DE$ で，

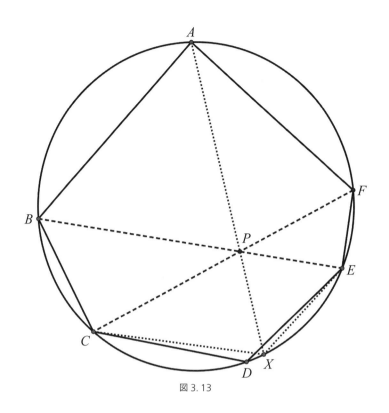

図 3. 13

$$\frac{CD}{DE} < \frac{CX}{XE}$$

となり，これは矛盾する。X が弧 CD 上にあるなら，同様にして

$$\frac{CD}{DE} > \frac{CX}{XE}$$

も導かれてしまうので，たしかに D と X は一致せざるをえないことがわかり，AD, BE, CF は，明らかに共通の点 P を通る。

図 3. 14 は，この帰結を通常の直線的な状況でのチェバの定理になぞらえたところを示している。図 3. 15 では，この定理の弦の場合の配置

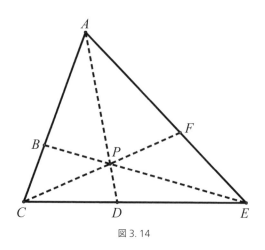

図 3. 14

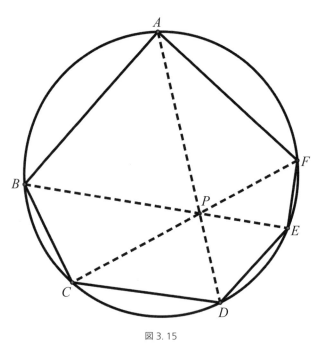

図 3. 15

があり，これまで見てきたとおり，次の結果が得られる。

6点 A, B, C, D, E, F が一つの円周上にあるとき，弦 AD, BE, CF は，次の等式が成り立つとき，かつその場合に限り，共通の1点 P を通る。

$$AB \cdot CD \cdot EF = BC \cdot DE \cdot FA$$

図 3.14 は，これに似た標準的な三角形版のチェバの定理の配置で，それに沿って記号を振っている。この状況でのチェバの定理は，次のことを表わしている。

A, C, E が三角形の頂点で，B, D, F がそれぞれ辺 AC, CE, EA 上にあるとすると，線分 AD, BE, CF は，次の等式が成り立つとき，かつそのときに限り，共通の1点 P を通る。

$$AB \cdot CD \cdot EF = BC \cdot DE \cdot FA$$

このほとんどまったく同じことが，三角形にも円にも成り立つというのは見事だ。

七円定理

ここでスポットライトを当てる定理は，本章前半で紹介した他の定理とは雰囲気が似通うものの，重要な違いがある。本章で紹介する定理の大半は何世紀も前から知られているものだが，ここで紹介する定理が初めて発表されたのは 1974 年だ[2]。これは，初等幾何学でもわりあいシンプルな定理がまだ知られずに埋もれていて，誰か熱心な研究者に発見されるのを待っていることを意味する。

七円定理の位置関係は，図 3.16 に示す。

この図では，円 c が与えられている。さらに六つの円もある。各円は c に接し（それぞれ点 $P_1, P_2, P_3, P_4, P_5, P_6$ で），隣り合うどの二つの円も互いに接する。言い換えると，P_1 と P_2 を通る円は一つの点で接し，P_3 と P_3

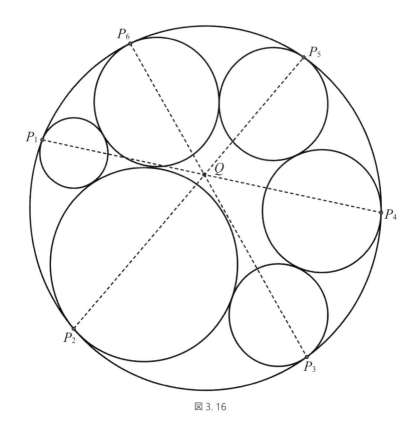

図 3.16

を通る円も，P_3 と P_4 を通る円も，P_4 と P_5 を通る円も，P_5 と P_6 を通る円も，P_6 と P_1 を通る円も同様。以上の円の対がすべて接するなら，直線 P_1P_4, P_2P_5, P_3P_6 は共通の点 Q を通る。

　これはきわめて一般的な状況で成り立つ。図 3.16 では，どの二つの円も交わっていないが，図 3.17 では，いくつかの円が交わっても成立することがわかる。

　またこのことは，図 3.18 に図解されているように，接する六つの円が，図 3.16 のような円 c の内側ではなく，その外側にあっても成り立つ。外にあっても内にあっても，証明はよく似ている。以下，証明は内側にある場合に限ることとする。

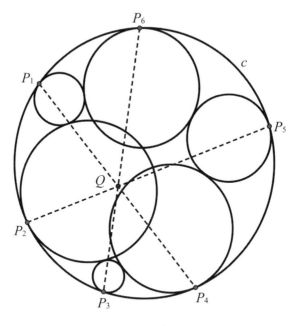

図 3. 17

　そのためには，まず，三つの組の接する円の対についての関係を確か
めなければならない。これは図 3. 19 に図解してあり，命題は以下のよ
うになる。

　c を中心が O，半径 R の円とする。円 c_1 と c_2 はそれぞれ中心が O_1 と
O_2，半径は r_1 と r_2 で，それぞれ点 P_1 と P_2 で円 c に接している。さら
に，円 c_1 と c_2 は，点 T で互いに外接する。すると次の式が得られる。

$$\frac{P_1P_2^2}{4R^2} = \frac{r_1}{R-r_1} \cdot \frac{r_2}{R-r_2}$$

　この式の証明は，付録 C に示してある。この式を使えば，七円定理を
証明するのはもう簡単だ。図 3. 16 に戻って，それぞれ半径 r_i の円 c_i と
点 P_i までとると，隣り合う任意の c_i と c_{i+1} について，先の式から
$P_iP_{i+1} = 2R \cdot f(r_1) \cdot f(r_2)$ が得られる。ただし関数 f は，次のように定め

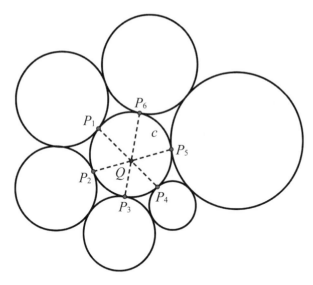

図 3.18

られる。

$$f(r_1) = \sqrt{\dfrac{r_i}{R - r_i}}$$

また，$c_7 = c_1$ なので，次の式が得られる。

$$P_1P_2 \cdot P_3P_4 \cdot P_5P_6 = 8R^3 \cdot f(r_1) \cdot f(r_2) \cdot f(r_3) \cdot f(r_4) \cdot f(r_5) \cdot f(r_6)$$
$$= P_2P_3 \cdot P_4P_5 \cdot P_6P_1$$

するとチェバの弦定理が示すとおり，直線 P_1P_4, P_2P_5, P_3P_6 は共通の点 Q を必ず通ることとなる。

六円定理

　七円定理があるのなら，六円定理があってもおかしくはない。実際のところ，それはあるのだが，導かれる結果は七円定理とは趣が異なる（なお，「六円定理」という名は，図 2.19 を論じて導いたミケルの定理のことを指すため

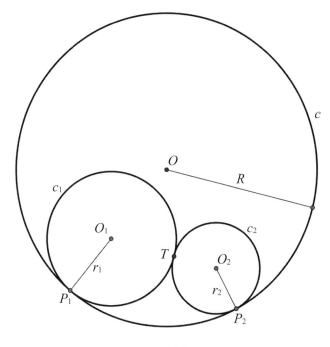

図 3. 19

に用いられる場合もある）。

　この事実は，イギリスの数学者ジョン・ティレル（1932〜1992）が，アマ
チュア数学者のセシル・J. A. イヴリン（1904〜1976）と G. B. マネー＝カウ
ツとの共同で発見した。定理の内容は次のとおり。

　鋭角三角形 PQR があるとする。図 3. 20 の a にあるように，円 c_1 を
三角形の辺 PQ と QR に接するように描く。次に円 c_2 を，図 3. 20 の
b にあるように，三角形の辺 QR と RP，さらに c_1 に接するように描
く。同様にして三角形を同じ方向に進みながら円を描き続け，図 3. 20
c, d, e, f にあるように，新しい円 $c_3, c_4, c_5,$ …… は三角形の 2 辺と直前
に描かれた円に接するように描く。すると，円 c_6 は c_1 に接する。

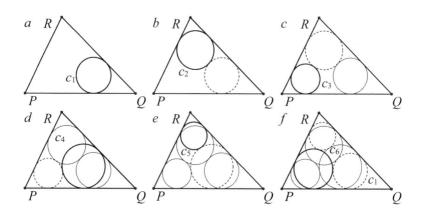

図 3.20

　この定理にはいくつか補足が必要だ。何より図3.21に見られるよう
に，各円 c_i には選択肢が必ず二つある——円が三角形の内側で接する
か，外側で接するかだ。しかしそれは問題ではない。つねに小さい円を
選ぶのであれば，$c_7 = c_1$ となる一連の円が1通りだけ決まり，結果とし
て得られる列は周期的になる。つまり，同じパターンの繰り返しとな
る。

　また，この問題が最初に発表された頃には[3]，この内容は三角形すべて
を対象としており，鋭角三角形には限定していなかった。結局のとこ
ろ[4]，円の列はたしかに周期的になるが，円 c_2 が三角形の辺の延長では
なく，辺そのものに接するなら，周期は円 c_1 から始まるだけになる。実
は，ΔPQR の一つの角が十分に大きければ，円の列は周期になる前の部
分をいくらでも長くできる（図3.22）。

　この特定の例では，周期は円 c_3 とともに始まり，円 c_8 は c_7 と c_3 に接
する。

　以上の証明は少々ややこしく，ここでは展開できないが，結果のダイ
ナミックさは特筆に値する。この定理は，三角形の内部の円に関する他
の定理にはなかなか見られない，完全に別種の定理だ。

　最初の円 c_1 を ΔPQR の内接円とすると，注目していただきたい特例

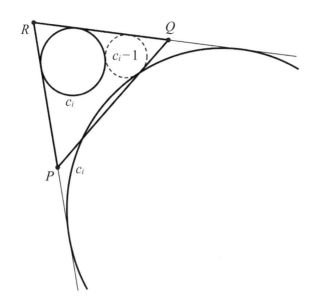

図 3. 21

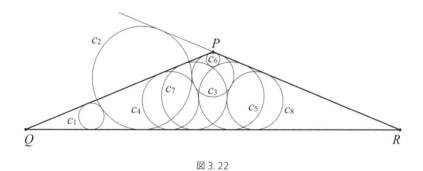

図 3. 22

が得られる。この場合には，円 c_2, c_4, c_6 を，図 3.23 にあるように選ぶこ
とができる。

　その場合，$c_1 = c_3 = c_5$ となり，一つおきに内接円に戻る列になる。

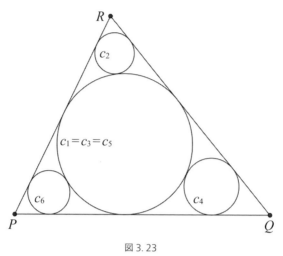

$c_1 = c_3 = c_5$

図 3.23

胡蝶定理

図 3.24 を見ればわかるように，胡蝶定理は，形状が蝶を思わせることに由来する名である。

円 c の弦 PQ の中点を M とする。AB と CD も円 c の弦で，点 M を通る。点 X と Y は，それぞれ PQ が AD と BC と交わる点である。すると，点 M は XY の中点でもある。

このことを証明するべく，図 3.25 のように O を円 c の中心としよう。

点 O と M は，それぞれ点 P と Q から等距離にある（O は P と Q を通る円の中心であり，M はその定義からして）。したがって，O も M も PQ の垂直二等分線上にある。ゆえに，OM は PQ に垂直である。

今度は，K と L をそれぞれ AD と BC の中点とする。OM と PQ について見たように，OK は AD に垂直であり，OL は BC に垂直であることがわかる。

以上の観察結果を得たことを前提に，今度は $\triangle ADM$ と $\triangle CBM$，つまり蝶の羽に目を向けよう。$\angle AMD = \angle CMB$ は点 M における対頂角で，$\angle DAM = \angle BCM$ は同じ円弧 BD の円周角なので（ともに弧 AC の円周角である $\angle ADM = \angle CBM$ も同様），この二つの三角形は相似であるの

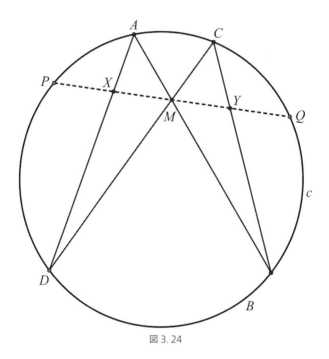

図 3.24

で，次のようになる。

$$\frac{AD}{AM} = \frac{CB}{CM}$$

ここから次の二つの式が得られる。

$$\frac{\frac{AD}{2}}{AM} = \frac{\frac{CB}{2}}{CM}, \quad \frac{AK}{AM} = \frac{CL}{CM}$$

今度は $\triangle AKM$ と $\triangle CLM$ に目を向けると，$\angle KAM = \angle DAM = \angle BCM = \angle LCM$ であり，

$$\frac{AK}{AM} = \frac{CL}{CM}$$

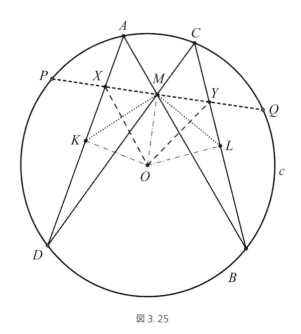

図 3.25

なので，これはまた相似であることがわかり，$\angle AKM = \angle CLM$ も得られたことを意味する。

　今度は，四辺形 $OKXM$ を子細に見てみよう。向かい合う $\angle OKX$ と $\angle OMX$ はともに直角なので，$OKXM$ は円に内接する四辺形であり，したがって，$\angle AKM = \angle XKM = \angle XOM$ である。同様に $OLYM$ も，向かい合う $\angle OLY$ と $\angle OMY$ がともに直角なので円に内接する。したがって，$\angle CLM = \angle YLM = \angle YOM$ である。$\angle AKM = \angle CLM$ なので，$\angle XOM = \angle YOM$ となる。

　すると，三角形 XOM と YOM は辺 OM が共通で，$\angle XOM = \angle YOM$ および $\angle OMX = \angle OMY = 90°$ なので，二つの三角形は合同である。これはつまり，$MX = MY$ であり，したがって点 M は線分 XY の中点となる。これで証明終了。

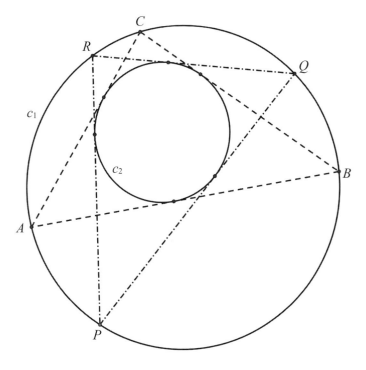

図 3.26

ポンスレの不定命題

　「ポンスレの不定命題」と呼ばれる美しい命題もある。あいにく証明は難しく，ここでそれを示す余裕はない。発表したのは，フランスの数学者ジャン＝ヴィクトル・ポンスレである。最も単純な形のものを図3.26に示す（訝る向きもあるかと思うので，「不定命題」という言葉について補足する。この言葉は，特定の証明の道筋から直ちに導かれて，ある条件を満たす無限にある［つまり不定の］事物について成り立つ結論を指すために用いられる。似たような言葉として「系」があるが，こちらは証明された結果としての定理から直ちに言える結論を指しているところが違う）。

　図には，ΔABC とその三角形の外接円 c_1 と，内接円 c_2 がある。外接円 c_1 上に任意の点 P を選ぶと，3頂点とも円 c_1 の上にあり，3辺とも c_2

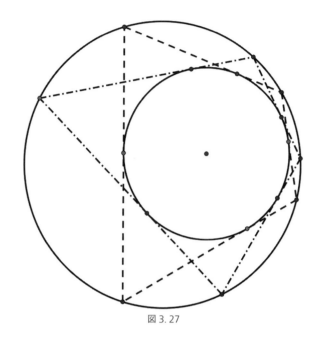

図 3. 27

に接する $\triangle PQR$ がある。言い換えると、点 P の位置としてどこを選ん
でも、$\triangle ABC$ と外接円と内接円が共通となる、$\triangle PQR$ が存在する。

　これは、実は一般的な帰結のきわめて特殊な場合である。実際には三
角形だけでなく、辺が何本でも多角形について成り立つ。辺が n 本、頂
点が n 個の多角形が外接円と内接円を持つなら、外接円上にどんな点を
選んでも、この点から辺が n 本、頂点が n 個で元の多角形と外接円と内
接円が同じ多角形ができる〔任意の n について成り立つので「不定」命題〕。こ
のことは、$n = 4$ の場合について図 3. 27 に図解した（実際には、二つの円は
任意の円錐曲線で置き換えられる。n 本の辺、n 個の頂点をもつ多角形がそのすべて
の頂点を通る円錐曲線と、すべての辺に内接する円錐曲線の両方を持つなら、頂点を
通る円錐曲線上に任意の点をとると、この点は外接円錐曲線と内接円錐曲線を元の多
角形と共通にする、辺が n 本、頂点が n 個の多角形との頂点となる）。

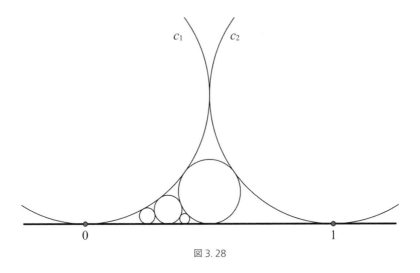

図 3.28

フォード円

　円が幾何学で重要な役割を演じているのは明らかだが，数論の世界と
もつながっていることを知れば驚くかもしれない。互いに接する円と有
理数とのあいだには，いわゆるフォード円の性質という魅惑的な関係が
ある。この円の名になっているフォードは，アメリカの数学者レスタ
ー・R.フォード・シニア（1886～1967）のことで，次のように定義される。
　まず，互いに接する合同な円 c_1 と c_2 をとり，一方は数直線上の 0 の
ところで接し，もう一つは 1 で接するものとする。この数直線と元の二
つの円に接する円を加える。これを続けるたびに次の円が加えられて，
そのそれぞれが数直線とすでに存在する，互いに接する二つの円に接す
るようにしていく。こうすると，無限個の円ができて，すべてが数直線
と 0 と 1 のあいだで接する。図 3.28 では，最初のいくつかの円によっ
て状況を示している。
　もちろん，円はすぐに，とっても小さくなる。結局のところ，この無
限個の円の数直線との接点にきわめて意外な性質がある。この接点は 0
と 1 のあいだの有理数になるのだ。この手順でできる円には，無理数点
で数直線に接するものはなく，すべての有理数は，こうしてできるいず

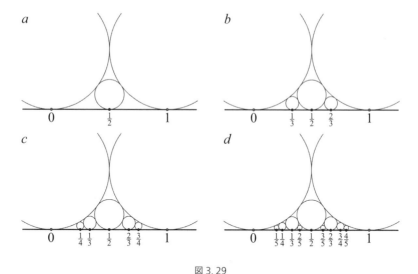

図 3.29

れかの円の接点となる。最初のほうの段階が，分母が 5 までの有理数を
生むことを図 3.29 に示してある。

第 1 段階で，図 3.29 の a にあるように，分母が 2 となる唯一の有理
数，つまり $\frac{1}{2}$ ができる。図 3.29 の b では，第 2 段階で分母が 3 となる
有理数ができている。図 3.29 の c では，分母が 4 となる有理数（$\frac{2}{4} = \frac{1}{2}$
はすでにあるので含まない），最後に図 3.29 の d では，分母が 5 の有理数が
できている（$\frac{1}{5}, \frac{2}{5}, \frac{3}{5}, \frac{4}{5}$）。

このフォード円の数学的帰納法による証明を，付録 D に示した。

本章では，いくつかのまったく異なる種類の円に成り立つ関係を取り
上げた。こうした結果には個々に味わいがあり，それぞれ注目に値す
る。たとえば，何本かの直線が共通の点を通らざるをえないという場合
はきわめて静的だが，特定の点が一定の変化をしても，性質は変わらな
いといったダイナミックなものもある。いずれにせよ，それぞれ意外に
初歩的な考え方を使って導ける結果だ。

フォード円に関する結果は実にユニークだが，それはただ数論的な内
容によるだけでなく，二つの円と直線で決まる有限の隙間に無限個の円

が詰め込まれることにも関係している。これは，円を定められた隙間に
特定の基準に沿って詰め込む方法についての諸問題を考えることにつな
がるし，まさに次の第4章で検討しようとしている問題なのである。

円充填問題

箱のなかの缶

　数学には，円をさまざまな閉じた図形のなかに「詰め込む」という問題に特化する，れっきとした一部門がある。この分野で立てられる問題は，同じ大きさの円の場合も任意の大きさの円の場合もあるが，いずれにせよ二つの円は重ならず，枠となる図形の境界からもはみ出さないとされる。

　箱にできるだけ多くの，同一の円柱形の缶を詰め込む場合を考えてみよう。輸送や製造上の理由から，箱の開口部は正方形でなければならないが，正方形の1辺はできるだけ小さくしたい。箱ひとつに缶を9個入れたい場合，最適な箱の開口部の1辺の長さ〔以降，「箱の大きさ」=「開口部の正方形の1辺の長さ」とする〕を求めるのは比較的易しい。図4.1のように詰め込めば，ありうる最小の箱の1辺は，缶の直径の3倍であることがわかる。

　何らかの理由で，それぞれの箱に缶を8個収めたいとすると，その場合のありうる最小の箱の大きさはどうなるだろう。9個の場合の配置から，1個だけ取り除いてみる。残った缶は図4.2のように，それなりにきちんと収まっているように見える。

　しかし8個の缶を，正方形の箱をもっと小さくして収められる並べかたがある。図4.3に示す詰めかたは，正方形の箱に8個の缶を詰め込んでいるが，その辺の長さは缶の直径の，

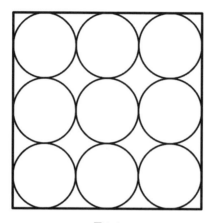

図 4. 1

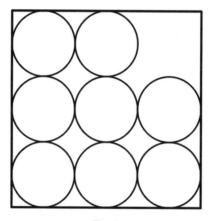

図 4. 2

$$1 + \frac{\sqrt{2}}{2} + \frac{\sqrt{6}}{2} \approx 2.93 \text{ 倍となる。}$$

　8個の缶の詰め込みかたを見つけるのも決して容易ではないのだが,
これが最適であることを証明するのはもっと難しい。ここではとりあえ
ず,そうであると認識しておこう。この8缶の詰め込みかたは,9缶か

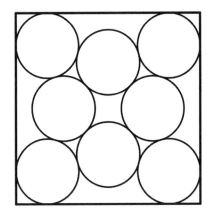

図 4.3

ら 1 個取り除いた結果よりもはるかに対称的であることはわかる。それ
だけでもこちらのほうが先の詰めかたよりも密度が高いと言われても驚
く必要はないはずだ。この最適正方形の辺の長さを求める計算に関心の
ある読者は，付録 E を参照していただきたい。

円のなかに円を

　このテーマで，何種類かの興味深い問題が浮上する。たとえば次のよ
うな問いである。

● 半径 1 の円（単位円と呼ぶ）が与えられていて，その単位円のなかに同
　じ半径の円を 7 個詰め込むとする。その 7 個の円にとれる最大の半径
　はいくらか。言い換えると，与えられた単位円の面積に対して，7 個
　の同じ大きさの円による被覆部分の面積の最大の比率はいくらか。こ
　の比率は一般に，単位円内の小さな円の密度と呼ばれる。

　この問題に答えるには，同じ大きさの 7 個の円にありうる配置をすべ
て考えなければならない。すぐに思いつくのは，7 個の円が取り囲む円
の内側でぴったりひしめいている配置である。小さい円はすべて互いに

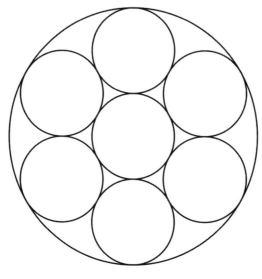

図 4.4

接していなければならないので，それ以上大きくなる余地もなく，単位
円の内部にちょうど収まるものである。該当する配置を図 4.4 に示す。

次の図 4.5 から簡単にわかるように，単位円の半径は，小さい円の半
径 r の三つ分なので，内側の円それぞれの半径 $r = \dfrac{1}{3}$ となる。

単位円の面積は $\pi \cdot 1^2 = \pi$ であり，7 個の小さい円で覆われる面積は

$$7 \cdot \pi \cdot \left(\dfrac{1}{3}\right)^2 = \dfrac{7}{9} \cdot \pi$$

に等しいので，円内の 7 個の円にありうる最大の密度は $\dfrac{7}{9}$ となる。

すると当然の流れとして，7 個以外の円の場合，値はどうなるかとい
う問いになる。つまり私たちが今問うているのは，いわゆる一般化した
ものだ。

- 半径 1 の円（単位円）が与えられていて，その単位円に同じ半径の円を
  n 個詰め込みたいとしたら（n は正の整数とする），n 個の円にありうる最

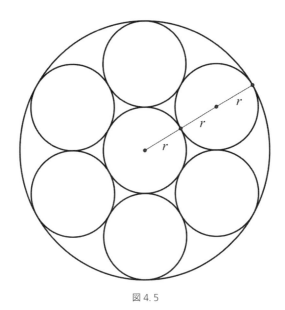

図 4.5

大の半径はいくらか。

こうした配置のいくつかを図 4.6 に示してある。

図 4.6 （Wikimedia Commons, by Koko90. Licensed under CC BY-SA 3.0.）

n の値が小さいとき（$n = 1, 2, 3, 4, 5, 6$），この問いへの答えは難しくない。それぞれの場合にありうる最適な配置を求めるのは，対称性のおかげできわめてわかりやすく，それぞれの半径を計算するのもあまり難し

くはない。関心のある読者は試してみていただきたい。

　しかし $n = 8$ とすると，円が一つだけ，ほかの円と接しなくなり，事態は劇的に難しくなる。$n = 8$ の場合の最適な配置は次のようになる。

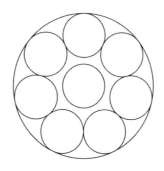

図 4.7

　すると，小さい円の半径は

$$\left(1 + \frac{1}{\sin\left(\dfrac{180^\circ}{7}\right)}\right)^{-1} \approx 0.3026$$

に等しく，小さい円が被う面積の，大きい円に対する比率はおよそ 0.7296 に等しいことになる（半径の算出については付録 F に示す）。

　中央の小さな円は動く余地があるので，これがたしかにありうるなかで最善の配置であるという証明は易しくないが，できることはできて，ドイツの数学者ウドー・ピルルが発表している[1]。ピルルは $n = 9$ と $n = 10$ の場合の最適配置も証明した。その配置は図 4.8 に示してある。

　n がさらに大きくなると，当然ますますややこしくなる。大きな n の値について最適と思われる配置はあるが，それが最適であることの証明ができているのは $n = 13$ の場合しかない。さらに大きい n となると，最適の配置を求めること自体が目下の研究対象である。この円充填問題についてさらに探究したい読者には，packomania.com というウェブサ

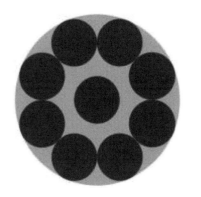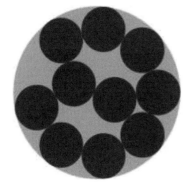

図4.8 （Wikimedia Commons, by Koko90. Licensed under CC BY-SA 3.0.）

イトが参考になる。

　上記の話は，数学研究の世界になじみがない人々にとってはおそらく意外だったかもしれない。n の値によってありうる最大の円の半径を与える明確な公式のようなものがあるはずだと思うものだろう。しかしあいにくそのような公式は知られておらず，そもそも，シンプルな公式のようなものは存在しそうにない。

正方形のなかの円

　本章冒頭の正方形の箱に戻り，次の問題を考えてみよう。

● 辺の長さが 1 の正方形があるとして（単位正方形と呼ぶ），その単位正方形に同じ半径の円を 4 個詰め込みたい。4 個の円にありうる最大半径はいくらか。

　先に見た正方形に 9 個の円と似た状況で，図 4.9 に示した配置はすぐに思いつくだろう。

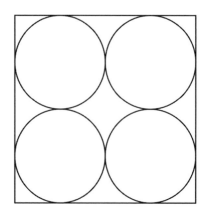

図 4.9

　同じ大きさの円を大きな円に詰め込む場合のように，正方形での n 個の円の最適配置が比較的見つけやすい数 n がある。そのような配置を見つけ，正方形の面積に対する円による被覆面積の比を計算することは，$n = 1, 2, 3, 5, 6$ については易しい。ただし $n = 3$ と $n = 6$ の場合はけっこう歯ごたえがあると言っておこう。いささか驚きそうな結果を図 4. 10 に示した。この配置がたしかに最適であることの証明は，意欲のある読者に任せる。

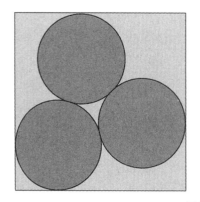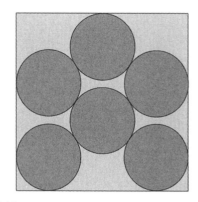

図 4. 10

$n > 6$ については，さらに難解になる。

そこで次のような，密接に関連するものながらまったく別の問題を考えてみよう。

● 辺の長さ 1 の正方形（単位正方形）があるとして，4 個の円（同じ大きさとは限らない）をこの単位正方形に詰め込みたい。この 4 個の円による被覆のありうる最大の面積の正方形の面積に対する比率はいくらか。

念を押すと，ここでは同じ大きさの円という条件を捨てている。そのため，同じ大きさの円について求めた 4 個の円を表わす解は，最適解ではないかもしれない。図 4.9 の配置における 4 個の円では，それぞれの半径は $\frac{1}{4}$ なので，面積の合計は次に等しい。

$$4 \cdot \pi \cdot \left(\frac{1}{4}\right)^2 = \frac{1}{4} \cdot \pi$$

この面積は，半径が $\frac{1}{2}$ の円 1 個で覆うことができる大きさだ。そしてその円は，図 4.11 にあるように単位正方形に収まる。

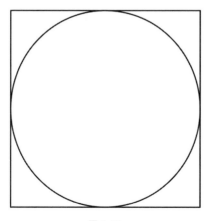

図 4.11

これはつまり，残った隙間にさらに3個の円を収めて覆えるということだ。その3個にありうる最大の円を，図4.12で加えた。

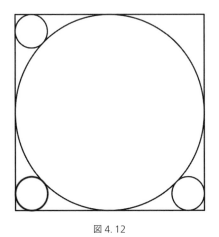

図 4.12

この単純な例は，正方形のなかに n 個の円の最大の密度を求めるのは，n = 4 のような小さな数についても簡単ではないことを示している。もちろん，それが最適解であると証明するのはもっと難しい。最適充塡となる結果は目を引くが，証明しようと思うと長くて細かい話になるので，結果を味わうまでついてきてもらえないかもしれない。したがって，この証明についてはやはり野心のある読者の挑戦を待つ。

その他の図形に円を詰める

正方形，あるいはほかの円への密な充塡という問題をいくつか考えてしまえば，ほかの閉じた図形への最密充塡は小さな飛躍に思える。枠となる図形の候補としてわかりやすいのは（どれも今考えている正方形を一般化したもの），辺の長さの比が与えられた長方形，あるいは辺の数が4ではない正多角形だろう —— それについてはすでに考えたことがある。この2題はともに相当詳しく調べられているし，先に紹介した packomania.com をちょっと覗いてみれば，同種の充塡の探究でどれほど成果が

得られているかもわかる。

　この問題は決して易しくはない。たとえば，円充填の一方の極として最もシンプルな正多角形，つまり正三角形を見てみよう。先に立てた問題と同じく，以下のように問いを立てられる。

● 辺の長さ1の正三角形（単位正三角形）があり，同じ半径の円を n 個詰め込みたい（n は正の整数とする）。n 個の円にありうる最大半径はいくらか。

　$n = 1, 2, 3$ の場合についての答えはわかりやすく，直感的に求められる（図4.13）。それぞれに該当する半径の計算は付録Gにある。

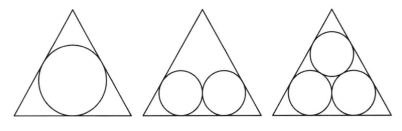

図4.13

　$n = 4$ について，ベストの配置（図4.14）は最初は少々意外に思うかもしれない。ただ少し考えると対称性は明らかで，この図解が妥当に見えてくる。もちろんこれは証明ではないが，このような配置が最適であることの証明は，先に言ったとおりきわめて複雑な話になる。

　$n = 2$ と $n = 3$ について高密度充填をざっと見ると，それが実は同じ配列が元になっていることがわかる。$n = 2$ についての高密度充填は，$n = 3$ の場合から円を一つ取ることで得られる。円は単位正三角形のなかで同じ大きさのものである。この所見からただちに，20世紀でも有数の数学者，ハンガリー出身のポール・エルデシュ（1913〜1996）と，アメリカの数学者ノーマン・オラー（1929〜2011）による，三角数についての有名

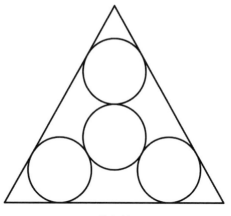

図4.14

な予想が出てくる。これもまた一見易しそうでいて証明しにくい問題の
例だ。

　予想をきちんと理解できるようにするには，まず三角数がどういうも
のかを思い出さなければならない。三角数の一つの定義のしかたは円を
三角形のように並べたものの助けを借りる。

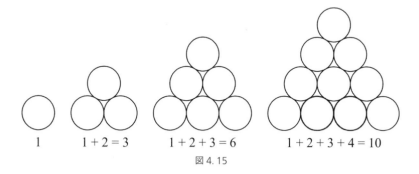

1　　　$1+2=3$　　$1+2+3=6$　　　$1+2+3+4=10$

図4.15

　図4.15に見られるように，同じ大きさの円は正三角形の形に並べる
ことができる。このような並びでは，円の総数はそれぞれ，1, 1＋2＝
3, 1＋2＋3＝6, 1＋2＋3＋4＝10等々の式で与えられる。このような

数の n 番めは $1+2+3+\cdots+n$ となり，この和は

$$\frac{n(n+1)}{2}$$

に等しいことがわかる。このような数を「三角数」と呼ぶ。

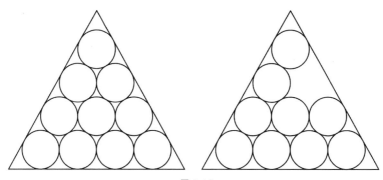

図 4.16

　図 4.16 の左側にあるように，正三角形に三角数の円を詰め込む最大密度の充塡は（この場合は $n=4$ で第四の三角数 10 に相当する），このような三角数配置で与えられる。エルデシュとオーラーは，三角数より一つ小さい数についても，同じ並びが，つまり円を一つ除いたものが最大密度充塡となると予測していた。これが最初の 15 までの三角数について成り立つことは示されているが，一般的な証明は，数学者につきつけられた難問として，未解決のままである。

　直角二等辺三角形への三角形充塡もおもしろい。直角二等辺三角形と正三角形の充塡どうしにはいくらかの類似点があるが，意外なことに，相当の違いもある。個数が三角数の場合には，最適充塡は三角数配置の助けですぐに見つかるし，そのことは，図 4.17 でおおよそ見通せる。

　少し意外性があるのは，図 4.18 に示した円が，4 個と 5 個の場合の答えだ。

　図 4.18 の左側には，円が 4 個の場合の最大密度の充塡が出ているが，

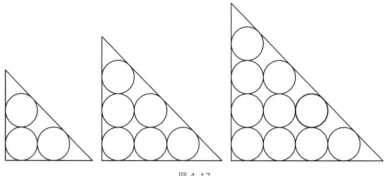

図 4. 17

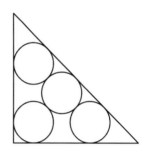 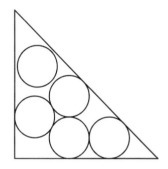

図 4. 18

これからして少し意外だ。しかし右側の円が5個の場合はもっと驚いた
だろう。他の円に制約されずに動き回れる円があることに目を留めてお
こう。これは円の数が多いときには予想されるが，たった5個でそうな
るとは思わなかったことだろう。もちろん，もっと円の数を大きくすれ
ば，さらに驚きの結果が待ち受けている。どこまで頑張れるか，読者も
試してみてほしい。

無限の平面での円

　理論的な立場からは，円充塡は必ずしも境界線で限定されるわけでは
ない。円が規則正しく平面に置かれ，同じパターンを無限に繰り返すの

が明らかであれば，無限の平面での密度を計算できる。この種の問題が本格的な数学文献で最初に取り上げられたのは 1773 年で，イタリア出身の数学者ジョゼフ・ルイ・ラグランジュ（1736〜1813）が解いて発表した。ラグランジュは円を六角形に並べて充塡する（図 4.19 にあるように，各円が同じ大きさのほかの 6 個の円に接し，中心は正六角形の頂点にある）と密度は最大になり，その密度は次のようになることを示した。

$$\frac{\pi}{2\sqrt{3}} \approx 0.907$$

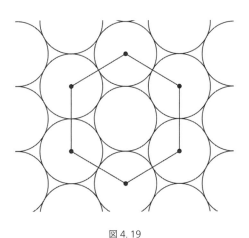

図 4.19

ここでも関心のある読者には，付録 H に記した計算を確かめてみることをお勧めする。

しかし，これがほかにもありうる充塡（異なる大きさの円を認めるものも含める）のなかでも最大密度の円充塡でもあると完全に証明するという問題に決着がついたのは，1943 年，ハンガリー人数学者，ラースロー・フェイェシュ・トート（1915〜2005）による証明が発表されてのことだった[2]。これも数学研究の問題が，何世紀も前に片づいた話にこれほど近い場合がありうるということだ——そしてまた，問題は簡単に言い表わせるの

に, とんでもなく答えにくいものがありうるという一例でもある。

円充填の折り紙への応用

　円充填の概念が折り紙の世界に応用できると知れば驚く人がいるかも
しれないが, 実際のところ応用できる。

　その両者のつながりを理解するために, まず折り紙のなかでもおそら
く最も古典的かつ代表的なものを見てみよう。そう,「鶴」だ。図4.20
に, 鶴を作るときに正方形の紙にできる折り目をすべて示した図面と,
完成した形を示した。両者を比べると, 鶴のくちばしが正方形の右側の
先端に対応することがわかる。尻尾は左側の先端だ。鶴の背中の尖った
ところは正方形の中央の点に対応し, 翼の先は正方形の上下の先端に対
応する。

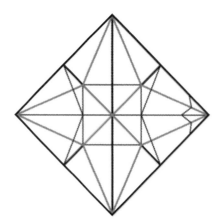

図4.20　鶴の折りかたを示す線（左）と折り鶴の写真（右）

　完成形の尖ったところそれぞれができるのは, 対応する先端の周囲
に, その先端を作るために「寄せて尖らせる」ことができる紙の部分が
あればこそだ。完成形と紙の上の点との対応を考えると, 基本的に, 紙

の上で完成形の先端部分に対応する1点は，それを中心とする円に収まる区画内にあり，完成形ができるためには，各先端部分が占めるそれぞれの区画が重ならないように配置するしかない。この部分は他の先端に対応する区画と共有はできないし，したがって，先端に対応する紙の上の各点を中心にして，ほかの点ではない，その点のみに関連する円を描くことが可能でなければならない（この円は紙の縁を中心にすることができるが，必ずそうだというのではない——たとえば鶴の背中の先端の場合がそう）。

　これをさらに理解するために，図 4.21 を見てみよう。

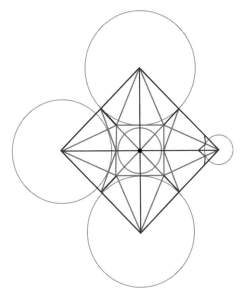

図 4.21

　この図では，折り目にいくつかの円を重ねている。この円の内側にある紙の各部を見比べてみると，それぞれの場合に円の内側に入る紙が完成形の段階で「寄せて尖らせ」られ，先端が突き出るようになる。右にある小さな円はくちばしに対応し，中央にある円は背中の先端に対応し，左側の円は尻尾に対応し，上下の円は翼に対応する。

それぞれの場合に、対応する先端につながる、完成形の突出部となる一定量の紙がある。左の円の部分（尻尾の部分）は上下（翼）や中央（背中）の各部分のいずれとも重ならない。図の円はありうるなかで最大ではないかもしれないが、先述のように、完成形の先端に対応する、重ならない円の部分があることがわかる。

　もっと手の込んだ折り紙でも、通常は正方形、あるいは少なくとも長方形の1枚の紙から、紙を切ったり破ったりすることなく、動物、昆虫、列車、車、人など、高度に複雑なものが折れる。それらが完成するには、たとえば足の先に対応する紙上の点が、足全体を生み出すべく折られる紙の部分にできる円のなかに入っていなければならない。これは先端にそのような点がたくさんある形（たとえば6本の脚や頭などがある昆虫）は、それぞれの先端について十分な量の紙が与えられるように円を紙に描けるような構想から、作り出さなければならないということだ。

　それはまた、完成形を実現するためには、各々の部分が適切な分量に応じて、円で囲まれねばならない。たとえば長い脚は、触角よりも大きな半径の円を必要とする。「予約された」円の領域のあいだに、接続部を生み出せる余地の紙もなくてはならない。

　折り紙作家は長年、主には技能と直感に基づいて創作していたが、1980年代には折り紙の設計において数学的手法が登場するようになり、80年代の終わりには、二人の折り紙作家、ロバート・J.ラング（アメリカ）と目黒俊幸（日本）が、それぞれ独自に、円充填に基づく設計手法を考えた。ラングは1990年代、円充填の概念に基づいて、折り紙設計のこの準備段階に使えるコンピュータ・プログラムを書いた。その結果できたのが「TreeMaker」というプログラムだ[3]。このプログラムによって、折り紙作家は作りたい完成形の先端部分の相対的な位置と大きさを入力すると、TreeMakerが作家の芸術的な着想を実現する基本構造を生み出してくれる。

　図4.22には、TreeMakerで作った型がある。円の領域が16あり（一部は紙の縁に中心がある）、これを元に折ってできる形には出っぱりが16あるということになる。円の半径は、その出っぱりにありうる長さを示

図 4. 22 （TreeMaker の画像。Robert J. Lang の許諾を得て用いた）

す。つまり中央の円は，完成形の中央付近に，細長い（あるいは平べった
い），昆虫の腹部のような先端があることを意味する。上側の隅にある
比較的小さな円は，完成形では短い出っぱりになり，おそらく耳になっ
たり触角になったりする。

　きわめて抽象的なパズルとして始まった円充填の概念に，実践的な用
途があった。もちろん，折り紙の場合には最大密度の充填を考えている
わけではないし，実用的に考えられる事例はほかにもある。それでもこ
れは，純粋に知的な目的で考えられる純粋に抽象的な概念が，特定の数
学的冒険に乗り出す前には予想もしていない応用の出発点だった，とい
う典型例となっている。

球充填

　本書では主に 2 次元の円を対象としているので，3 次元の話にあまり
時間と力をかけると道を外れすぎてしまう。それでも 3 次元空間で球を

詰め込もうとすると生じる魅惑的な問題について，少なくとも通りいっぺんにでも触れないことには，これまた手抜きのそしりを免れない。店先にオレンジをどう積むのが最適か，（昔の兵隊なら）砲弾をどうすればきちんと積み上げられるかと考えるだけでも（図4.23），球充塡問題との関連性がすぐに思い浮かぶ。

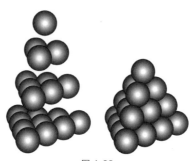

図 4.23

　こうした図からうかがえるように，同じ大きさの球を積み上げる最善の方法は，まず底面で六角形に並べる（先に無限の平面での同じ大きさの円を取り上げたときに見た形，p. 117 参照）。その上に同様の層を重ねるが，これは第二層の球が隙間を埋めるように少しずらして重ねる。そのための最善の方法は，新しい球がそれぞれ，下の層にある球三つと接するように置くことだというのは明らかに見える（何通りかの方法がありうる）。実際，これがありうる最大密度の充塡と予想されている。この問題が最初に言及されたのは，ドイツの数学者で天文学者，ヨハネス・ケプラー（1571～1630）の著述でのことで，この予想はそれをたたえて「ケプラー予想」と呼ばれる。

　本書でも繰り返し述べているが，そのような予想の証明はなかなか難しい。それでもドイツの数学者カール・フリードリヒ・ガウス（1777～1855）は，球の中心が正多角形の格子を成すという前提のもとでありうる充塡のなかでは，先の配置が最も密度が高いと証明した。しかし，もっと密度の高い並べかたの可能性は残っていた。それが実際にはないこ

との証明には 21 世紀まで待たされたが，アメリカの数学者トマス・キャリスター・ヘイルズ（1958〜）による証明には，数学界がどよめいた。「手で」確かめるには難しすぎる内容だったため，コンピュータのプログラムの手助けを得た点が目立つ証明の一つで，そのコンピュータ支援証明の妥当性が最終的に広く認められたのは 2014 年になってからだった。今でもこの問題に決着はついていないと思っている数学者は，わずかながらいる。この証明は，人間の手で一段階ずつ確かめられたわけではないからだ。

　たしかにこれは現代の数学研究では根本にかかわる問題だ。もっと計算がやっかいで解かれていない数学の問題のなかには，コンピュータを用いた方法による攻撃で陥落したものがあった。そのような証明では，数学の命題が，巨大でも有限個の，適切な計算機プログラムで確かめられる場合に帰着される。そういう場合がいくつあるかはとくに重要ではない。コンピュータは膨大な数の計算を短時間で処理できるからだ。肝心なのは，コンピュータには人間が一生のあいだにできるよりはるかに多くの量を計算できる点だ。そうなるとコンピュータが間違ったかどうかを確かめられる人はいないので，その証明の妥当性を認めない人の気持ちもわかる。否定論者は，コンピュータはゆらぎの影響を受け，間違いを完全に排除できることはないと論じる。他方，その種の誤りをチェックするためのソフトウェアも開発され，証明段階と検証段階の両方で間違いが見逃されてしまう可能性はきわめて低くなっている。

　それをふまえて，数学界全体としては 2014 年になって，ようやくヘイルズによる証明を受け入れたのである。その証明についてエラー検査プログラムがかけられたが，誤りは見つからなかった。そういう理由によって，まだ「ケプラー予想」の証明に使われた方法の妥当性を疑う「強硬派」はごくわずかの少数派になり，一般に「ケプラーの定理」の名称が変わらずにいるのは，単なる慣習となった。

さらなるアイデア

　ここで紹介したいくつかの問いは，きわめて扱いにくい場合がある。

たとえば，本章でこれまで検討してきたことと密接に関わる次のような問いは，まだまったく解決されていない。

● 二つの単位円をとり，一方は弦で二つに切ることができ（結果，三つの部分ができる），結果としてできた三つの部分を詰め込める最小の正方形を求めよ。

　変数が少ないので，この問題はいくぶん初歩的な答えを許容するように見えるかもしれないが，円を分割する弦の選びかたに自由度がありすぎて，とんでもなく難しくなる。

　本章で考えてきたさまざまな問題からすると，いわゆる「逆」を考えるという手があるかもしれない。与えられた図形（たとえばあらためて単位円や単位正方形）を完全に覆える（等しい）円盤の最小の半径はいくらか。こうした被覆問題も数学の世界では取り上げられているが，充塡問題は

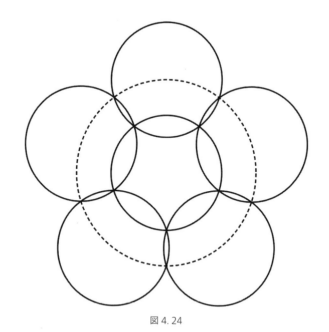

図 4.24

ど広まっているようには見えない。円盤被覆問題（単位円盤，つまり半径1の円盤を完全に覆える n 枚の円盤の最小半径を問う）だけが，知名度を上げているらしい。

この種の問題に対する欲求を刺激するために，図 4.24 は $n = 6$ の場合についての答えとなる配置を示している。つまり，この六つの円（実線で示される）は，単位円盤（破線で示されている半径1の円盤）を完全に覆えるような最小の円である。「外側」の5枚の円盤は正五角形の頂点を中心にしているので，小さい円盤の半径を計算してみていただきたい。

本章を振り返ると，円には円それぞれを個別の物体として考えると見えてくる魅惑の性質がいくつもあることがわかる。本章は，別の章で取り上げる，おなじみの円周上の点と関わる性質とは様相が大きく異なる。本章で見た性質の相当数は，推定はしやすいが証明はきわめて難しかった。そしてこの領域が，数学の愉楽を享受する多くの人々に愛されているのも不思議ではない。

第 (**5**) 章

辺に接する

　円が直線図形と関わるとき，たいていの場合，その相手を務めるのは三角形である。そして円と三角形の関係では，主役を演じるのは三角形なのが相場だ。たとえば四辺形が円に内接するとき，その四辺形にはそうなるための特性がある。ただやはりここでの関心は，円と三角形がある特殊な関係にあるとき，その円には，もちろん当の三角形と関わる，思いもよらない性質がいくつかあるということだ。本章では，三角形の三つの辺（延長も含む）に接するそれぞれの円を検討する。こうした円のうち，三つは三角形の外側にある場合，この三つの円は傍接円と呼ばれる。三角形の三つの辺に接し，三角形の内部にある円は内接円と呼ばれる。そして「序」で述べたように，その両者を合わせて「エクィサークル」と呼ぶ〔equicircle の equi-は「等しい」の意。円に円外の点から引いた接線でできる三角形のことで，各点から接点までの線分の長さは各組で等しいことをふまえた名〕。この種の円が接する三角形に対する大きさや性質には数々の美しい関係があるので，それをこれから見ていこう。

　三角形の内接円の中心の求めかたは，内角の二等分線の交点だったことを思い出してほしい。傍接円の中心もそれと似ていて，三角形の二つの外角の二等分線の交点である。この実例として，図5.1では，頂点 A と B の外角の二等分線が，傍接円の中心点 O_3 で交わっているのがわかる。

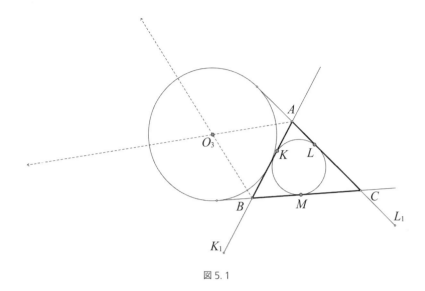

図 5.1

接線による線分

　図 5.2 には，$\triangle ABC$ の 4 個のエクィサークルがある。まず，線分 AK_1 の長さと $\triangle ABC$ の周長とのあいだに興味深い関係が見出せる。外部の 1 点から同じ円に引いた 2 本の接線の接点までの長さが等しいことはわかっている。つまり，$AK_1 = AL_1$ となり，同様に $BK_1 = BM_1$ であり，$CL_1 = CM_1$ である。

　それをふまえると，三角形 ABC の周長 $= AB + BC + AC = AB + (BM_1 + CM_1) + AC$ となり，続けて代入すると，三角形 ABC の周長 $= AB + BK_1 + CL_1 + AC = AK_1 + AL_1$ となる。ところが，これは同じ円に対する外部の 1 点からの接線の接点までの長さなので，$AK_1 = AL_1$ が言える。したがって，接線 AK_1 は $\triangle ABC$ の周長の半分である。s を $\triangle ABC$ の半周長とすると，$AK_1 = AL_1 = s$ とも書ける。これからエクィサークルについて調べるあいだ，この半周長 s を用いることとする。ここでの話の一部をもっと読みやすくするために，$BC = a, AC = b$, $AB = c$ としよう。すると半周長 s は次の式になるので，この章ではしばらく覚えておいてほしい。

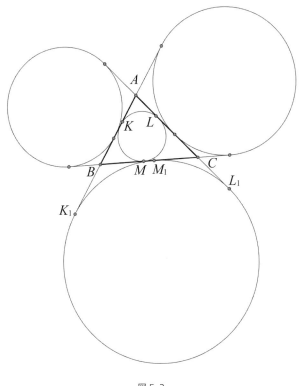

図 5.2

$$s = \frac{a+b+c}{2}$$

ゆえに，$BM_1 = BK_1 = AK_1 - AB = s - c$ であり，$CM_1 = CL_1 = AL_1 - AC = s - b$ となる。当然，同様の等式はほかの傍接円にも成り立つ。したがって，三角形の一辺の頂点から傍接円の接点までの線分の長さは，半周長 s から，当の頂点を含み傍接円とは反対側の辺の長さを引いたものに等しい。

　今度は，三角形の内接円を同様に検討することによって，この関係を一歩進めよう。この場合，三角形の一つの頂点から内接円の接点への線

分を考える。この線分の長さは，半周長から対辺の長さを引いたものに等しい。つまり，$AK = AL = s-a$ を示す。

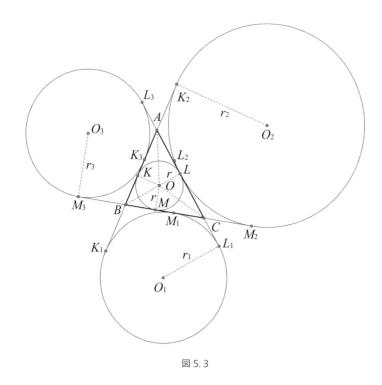

図 5.3

　これを示すために，まず図 5.2 で次のような関係が成立するところから始めよう。$AK + AL = AB - KB + AC - LC = AB + AC - (KB + LC)$ である。ところが，$KB = MB$ であり，$LC = MC$ である。

　しかるべく代入すれば（図 5.3），$AK + AL = AB + AC - (MB + MC) = AB + AC - BC = c + b - a = 2s - 2a = 2(s-a)$ が得られる。

　すると $AK = AL = s-a$ であり，同様にして，$BM = BK = s-b$ と $CL = CM = s-c$ も得られるので，先の命題を確認することができた。

　今度は三角形の 4 個のエクィサークルの接点がからむ，注目すべき性質をいくつか取り上げよう。まず，三角形の 1 辺にできる内接円と傍接

円の接点という2点を結ぶ線分を考え，この線分が実はほかの2辺の長さの差になることを示す。図5.3を参照すれば，$MM_1 = b-c$になる。

先の話から，$CM_1 = CL_1 = s-b$であることはわかっており，また$BM = BK = s-b$も示した。図5.3では$MM_1 = BC - BM - CM_1$がわかり，先の引き算からすると，$MM_1 = a - (s-b) - (s-b) = a - 2(s-b) = a + 2b - 2s$となる。ただし前述のとおり，

$$s = \frac{a+b+c}{2}$$

であることから，$MM_1 = b-c$となる。

そこから簡単に，別の発見へと進むことができる。つまり，MM_1の中点はBCの中点でもある。$BM = CM_1$であることは先に確かめた。XをBCの中点とすれば，$BX = CX$となる。それぞれ引き算すれば$MX = M_1X$なので，当初の主張が証明された。

次に，三角形の一辺に対する内接円と傍接円に共通な接線による線分MM_3の長さを求めてみるとおもしろい。すでに$MM_3 = CM_3 - CM$はわかっているし，$CM_3 = s$も，$CM = s-c$もわかっているので，$MM_3 = s - (s-c) = c = LL_3$という結論を導くことができる。

今度は，2個の傍接円の共通の外接線による線分を考えよう。目標は，図5.3にある長さM_2M_3を求めることだ。$M_2M_3 = MM_2 + MM_3$はわかる。そこで$MM_2 = b$と$MM_3 = c$もわかっているので，$M_2M_3 = b+c$である。つまり，2個の傍接円の共通の外接線による線分の長さは，この共通外接線と交わる2本の辺の長さの和に等しいということだ。

この話の仕上げとして，三角形の2個の傍接円の共通内接線の長さを求める必要がある。つまり，図5.3におけるM_1M_2の長さを求めたい。

$M_1M_2 = MM_2 - MM_1$はわかる。$MM_2 = b$であり，$MM_1 = b-c$であることは先に確かめた。その式を単純に代入すると，$M_1M_2 = b - (b-c)$，つまり$M_1M_2 = c$が得られる。したがって，三角形の2個の傍接円の共通内接線による線分の長さは，その線分が含む頂点の対辺の長さに等しい。

エクィサークルの半径

エクィサークルの接線が三角形の辺に対して持つ多くの関係を発見したので，今度は関心をエクィサークルの半径に向けよう。これは三角形の面積と，三角形の辺の長さに関わっている。

そこでエクィサークルの半径を，「エクィ半径」と呼ぶこととする。

では，これらエクィ半径のなかでも最もおなじみの，内接円の半径を紹介しておこう。ここでは，内接円の半径を「内半径」と呼ぶことにする。内半径が三角形の面積と半周長の比に等しいことは，比較的簡単にわかる。

まず，図5.4から，ΔABC の面積は，三つの頂点と内接円の中心を結

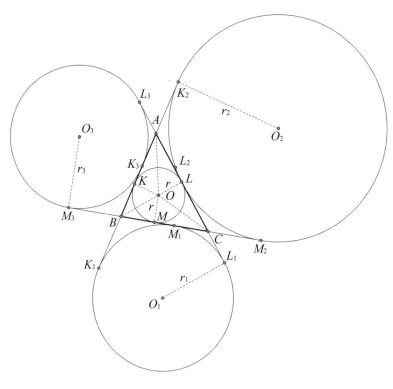

図 5.4

んでできる三つの三角形の面積の和にほかならない。記号で書けばこうなる。

$$\Delta ABC = \Delta BCO + \Delta ACO + \Delta ABO$$

つまり，

$$\Delta ABC = \frac{1}{2}(MO)(BC) + \frac{1}{2}(LO)(AC) + \frac{1}{2}(KO)(AB)$$
$$= \frac{1}{2}ra + \frac{1}{2}rb + \frac{1}{2}rc = \frac{1}{2}r(a+b+c) = sr$$

ゆえに，$r = \dfrac{\Delta ABC \text{ の面積}}{s}$ である。

　今度は，傍接円の一つの半径を「傍半径」と呼ぶこととして，これも三角形の面積と三角形の辺の長さに関わると見るのが適切だろう。予想されるように，内半径のときと似たようなことが成り立つ。つまり外側で接する円の半径は，三角形の面積の，「半周長と，傍接する円の内接線となる辺の長さとの差」に対する比に等しい。

　これを記号つきで表わすと，図5.5のようになる。

$$\Delta ABC = \Delta ACO_1 + \Delta ABO_1 - \Delta BCO_1$$

続けて，次のように表わされる。

$$\Delta ABC = \frac{1}{2}(L_1 O_1)(AC) + \frac{1}{2}(K_1 O_1)(AB) - \frac{1}{2}(M_1 O_1)(BC)$$
$$= \frac{1}{2}r_1 b + \frac{1}{2}r_1 c - \frac{1}{2}r_1 a = \frac{1}{2}r_1(b+c-a) = r_1(s-a)$$

ゆえに，$r_1 = \dfrac{\Delta ABC \text{ の面積}}{s-a}$

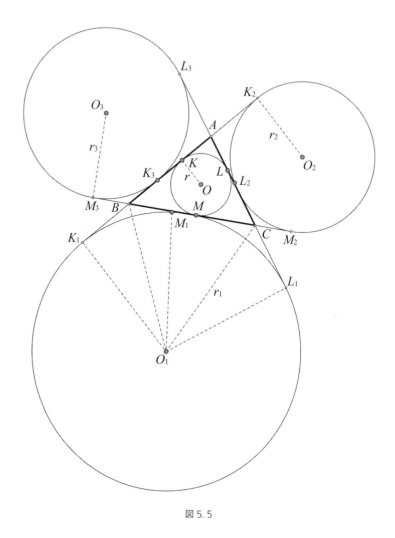

図 5.5

同様にして，$r_2 = \dfrac{\Delta ABC \text{ の面積}}{s-b}$ および，$r_3 = \dfrac{\Delta ABC \text{ の面積}}{s-c}$ も得られる。

　これまでにわかったことのいくつかを操作すると，おもしろいものができる。たとえば，四つのエクィ半径をかけるとどうなるかを見てみよう。三つの半径をかけるために，上で確かめた等式を用いる。

$$r \cdot r_1 \cdot r_2 \cdot r_3 = \frac{\Delta ABC}{s} \cdot \frac{\Delta ABC}{s-a} \cdot \frac{\Delta ABC}{s-b} \cdot \frac{\Delta ABC}{s-c}$$

$$= \frac{(\Delta ABC)^4}{s(s-a)(s-b)(s-c)}$$

最後の分数の分母は，三角形の 3 辺だけから三角形の面積を求めるための有名な公式を思わせる。このヘロンの公式と呼ばれる式は，ΔABC の面積 $= \sqrt{s(s-a)(s-b)(s-c)}$ である。この式の両辺を 2 乗すると，$(\Delta ABC)^2 = s(s-a)(s-b)(s-c)$ となる。これを先の等式に代入すると，$r \cdot r_1 \cdot r_2 \cdot r_3 = (\Delta ABC)^2$ となる。つまり，四つのエクィ半径の積は三角形の面積の 2 乗に等しい。なんとも見事な結果ではないか。

これでエクィサークルにできる半径の積に表われる，とても美しい関係が確かめられたので，また別の，今度はエクィ半径の和の関わりを見出せるかどうか考えてみよう。まず，三つの傍接円の半径の逆数の和を取る。

$$\frac{1}{r_1} + \frac{1}{r_2} + \frac{1}{r_3} = \frac{s-a}{\Delta ABC} + \frac{s-b}{\Delta ABC} + \frac{s-c}{\Delta ABC}$$

これは先に確かめた三つの式の逆数の和をとっているにすぎない。これを簡単にすると，次の式が得られる。

$$\frac{1}{r_1} + \frac{1}{r_2} + \frac{1}{r_3} = \frac{3s - (a+b+c)}{\Delta ABC}$$

そもそも

$$s = \frac{a+b+c}{2}$$

なので $2s = a+b+c$ であり，しかるべく代入すると，

$$\frac{1}{r_1}+\frac{1}{r_2}+\frac{1}{r_3}=\frac{3s-2s}{\Delta ABC}=\frac{s}{\Delta ABC}$$

ところが，先に次のことが得られている。

$$r=\frac{\Delta ABC}{s}$$

つまり，

$$\frac{1}{r}=\frac{s}{\Delta ABC}$$

すると次のような結論に到達する。

$$\frac{1}{r_1}+\frac{1}{r_2}+\frac{1}{r_3}=\frac{1}{r}$$

これは瞠目すべき式である。

これでエクィサークルの半径の積と和――逆数の和だが――がからむ式が得られたので，これを拡張して，ΔABC の三つの高さについて考えることができる。三角形の長さ a, b, c の辺それぞれに対する高さを h_a, h_b, h_c と表記する。これによって，ΔABC の面積は $\Delta ABC=\frac{1}{2}ah_a$ $=\frac{1}{2}bh_b=\frac{1}{2}ch_c$ の3通りに表わすことができる。三角形の面積を2倍すれば，$2\Delta ABC=ah_a=bh_b=ch_c$ となる。さらに進めるのが吉だ。先に，$r=\frac{\Delta ABC}{s}$ を確かめた。あるいは $sr=\Delta ABC$ である。すると，$2(sr)=ah_a=bh_b=ch_c$ が言える。三つの等しい数それぞれの最後の項を逆数での割算に置き換えると，次のような複分数が得られる。

$$\frac{2s}{\frac{1}{r}}=\frac{a}{\frac{1}{h_a}}=\frac{b}{\frac{1}{h_b}}=\frac{c}{\frac{1}{h_c}}$$

ここで，あまり知られていないが便利な式を紹介することができる。すなわち，等しい分数をいくつか並べよう。その分子の和と分母の和

は，新たな分数を作る。この技を先の分数について用いると，

$$\frac{2s}{\dfrac{1}{r}} = \frac{a+b+c}{\dfrac{1}{h_a}+\dfrac{1}{h_b}+\dfrac{1}{h_c}}$$

となるが，そもそも

$$s = \frac{a+b+c}{2}$$

だったので，$2s = a+b+c$ となり，

$$\frac{1}{\dfrac{1}{r}} = \frac{1}{\dfrac{1}{h_a}+\dfrac{1}{h_b}+\dfrac{1}{h_c}}$$

が得られ，それによって次のようになる。

$$\frac{1}{r} = \frac{1}{h_a}+\frac{1}{h_b}+\frac{1}{h_c}$$

見事なことに，ここからさらに三角形の高さと傍接円の半径とのあいだの美しい関係を示す等式が導かれる。

$$\frac{1}{h_a}+\frac{1}{h_b}+\frac{1}{h_c} = \frac{1}{r_1}+\frac{1}{r_2}+\frac{1}{r_3}$$

ここで別の円，三角形の外接円（三角形の3頂点を通る円）を導入して，四つのエクィサークルにつなげる。これについては図5.6の ΔABC に相当する。以下のくだりでは，傍半径の長さを足すと，内半径に外接円の半径（外半径と呼ぶ）の4倍を足した和に等しいことを示す。

図5.6で，P を中心とする ΔABC の外接円の直径 YZ は，線分 BC の中点で，MM_1 の中点でもある点 X を通らなければならないことに注目しよう。後者の場合は，三角形の辺の中点は，内接円と傍接円の共通内接線による線分の中点だったことを思い出すとよい。

したがって，$YZ \perp BC$ であり，$YZ \perp M_2M_3$ でもある。YX は台形

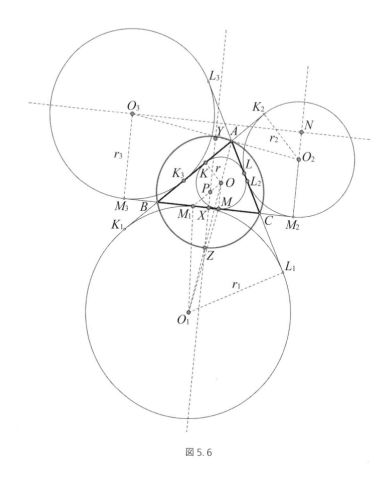

図 5.6

$M_2 O_2 O_3 M_3$ の辺の中点を結んでいるので，次のようになる。

$$YX = \frac{1}{2}(O_2 M_2 + O_3 M_3) = \frac{1}{2}(r_2 + r_3)$$

今度は，無名ながらも魅力を放つ幾何学の小品を披露する。台形の対角線の中点を結ぶ線分の長さは，上底と下底の長さの差の半分に等しい，という話だ（ここでのシンプルな解説の流れを乱さないよう，証明は巻末註 1 に示した）[1]。

したがって，台形 $M_1 O_1 MO$ においては，次の式が得られる。

$$ZX = \frac{1}{2}(M_1 O_1 - MO) = \frac{1}{2}(r_1 - r)$$

外接円の半径を R とすると，

$$2R = YX + XZ = \frac{1}{2}(r_2 + r_3) + \frac{1}{2}(r_1 - r)$$

すると，$4R = r_1 + r_2 + r_3 - r$ となり，最初に証明しようとした $r_1 + r_2 + r_3 = 4R + r$ を引き出せる。この結果を得るまでの道のりは少々面倒かもしれないが，手間をかける甲斐はある。

ほかにもエクィサークルがからむ関係がいくつも成立しているのだが，ここからは読者が自ら調べたくなりそうなものをいくつか挙げておく。

● 三角形の内心と外心の距離 d は，$d^2 = R(R - 2r)$ で求められる。

● 外心 P と三つの傍心 O_1, O_2, O_3 との距離は，$(PO_1)^2 = R(R + 2r_1)$，$(PO_2)^2 = R(R + 2r_2)$，$(PO_3)^2 = R(R + 2r_3)$ で求められる。

● これまでの主題に基づく変奏をさらにいくつか。

$$\circ \quad \frac{1}{r_1} = \frac{1}{h_b} + \frac{1}{h_c} - \frac{1}{h_a}$$

$$\circ \quad \frac{1}{r_2} = \frac{1}{h_a} + \frac{1}{h_c} - \frac{1}{h_b}$$

$$\circ \quad \frac{1}{r_3} = \frac{1}{h_a} + \frac{1}{h_b} - \frac{1}{h_c}$$

- ほかにも興味深い式を。

  ○ $Rr = \dfrac{abc}{4s}$

  ○ $R = \dfrac{abc}{4(\Delta ABC)}$

  ○ $r_1 = \sqrt{\dfrac{s(s-b)(s-c)}{(s-a)}}$

  ○ $h_a = \dfrac{2rr_1}{r_1 - r}$

  ○ $h_a = \dfrac{2r_2 r_3}{r_2 + r_3}$

  ○ $(PO)^2 + (PO_1)^2 + (PO_2)^2 + (PO_3)^2 = 12R^2$

  ○ $(OO_1)^2 + (OO_2)^2 (OO_3)^2 = 8R(2R - r)$

  ○ $r_a = \dfrac{rs}{s-a} = \sqrt{\dfrac{s(s-b)(s-c)}{s-a}}$

- 直角三角形の面積は，内接円が斜辺を分割してできる二つの線分の長さの積に等しい。

- 直角三角形の直角をはさむ 2 辺の長さの和から斜辺の長さを引くと，内接円の半径に等しくなる。

- 三角形の 3 辺から外心までの距離の和は，その三角形の外半径と内半径の和に等しい。

- 三角形の内接円に接し，各辺に平行な直線は，三つの小さな三角形を切り取り，その周長の和は，元の三角形の周長に等しい。

第 6 章

作図——アポロニウスの問題

　目盛のない定規とコンパスで行なうことが条件の幾何学上の作図は，2000 年以上のあいだ，数学者を魅了してきた。したがって，円を研究する本書で作図を取り上げなかったら，当然手抜きのそしりを免れない。その際，数学史上でも有数の名高い問題の一つが「アポロニウスの問題」と呼ばれていることは知っておくべきだ。単純に言えば，「与えられた直線に接する」「与えられた円に接する」「与えられた点を通る」という三つの条件のうち，いくつかを組み合わせた方法で円を作図するよう求められる。円の作図法におけるこれらの条件の組合せは，以下の 10 通りがある。

1. 同一直線上にない 3 点（ポイント）（PPP）
2. 2 点と 1 本の直線（ライン）（PPL）
3. 1 点と 2 本の直線（PLL）
4. 1 点で交わらない 3 本の直線（LLL）
5. 2 点と 1 個の円（サークル）（PPC）
6. 1 点と 1 本の直線と 1 個の円（PLC）
7. 2 本の直線と 1 個の円（LLC）
8. 1 点と 2 個の円（PCC）
9. 1 本の直線と 2 個の円（LCC）
10. 3 個の円（CCC）

それぞれの場合を調べる前に，この有名な問題の歴史に目を通しておこう。アポロニウス（紀元前262頃～190頃）は，小アジア南部にあったギリシアの小都市ペルガに生まれた。実は，今日に残るアポロニウスの名声のほとんどは円錐曲線の研究によるもので，この有名な曲線にエリプス（楕円），パラボラ（放物線），ハイパーボラ（双曲線）という名を与えてもいる。ここでの円問題が知られているのは，ほとんどアレクサンドリアのパップス（290頃～350頃）の著述『解析の宝庫』でアポロニウスの業績について述べられているところによる。この本は，エラトステネスやアリスタイオスなど，時代時代の一流の思想家たちがものした幾何学書に関する注釈だった。「アポロニウスの問題」と呼ばれているものの，ユークリッドは『原論』の第4巻ですでに前のページに掲げた1と2番のふたつの場合についての作図法を発表していた。アポロニウスは，『円錐曲線論』の第1巻では，前掲した作図法の3，4，5，6，8，9番について述べ，7と10番については第2巻をすべてあてなければならなかった。最後の10番については，それがアイザック・ニュートンなど名だたる数学者何人かを虜にした有名な問題なので，10番だけでアポロニウスの問題と呼ぶ場合もあると覚えておこう。

　本章ではこれから，前掲した10通りの場合それぞれについて作図法を示すことにする。まずは，同一直線上にない3点を通る円の作図から始める。

作図1──PPP，同一直線上にない3点

　点 P_1, P_2, P_3 が与えられていて，この3点すべてを通る円を作図する。そのためには，3点を結んで三角形にして，2辺の垂直二等分線を作図する〔三角形の外心の求めかた〕。その交点が求める円の中心であり，OP_1 を半径とする円を描くだけでよい（図6.1）。

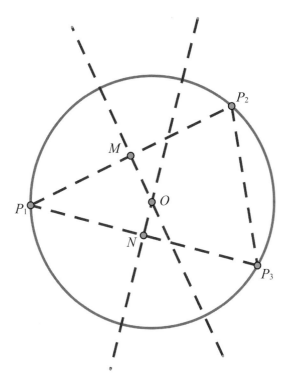

図 6.1

作図 2——PPL，2 点と 1 本の直線

　この場合，2 点 P_1, P_2 と，1 本の直線 L が与えられている。ここで求められている作図の完成形を図 6.2 で見ると，弦 P_1P_2 から伸ばした直線が，与えられた直線 L と点 A で交わり，この点は，そこからふたつの円の接線と割線が引けることがわかる。点 A から円に引いた接線の接点までの線分 AT_1 と AT_2 の長さは，同じ点 A から割線全体 AP_1 と円外の部分 AP_2 があることを思い出そう〔p.15 参照〕。ここでは，AP_1 と AP_2 の比例中項を t としておく〔$t = \sqrt{AP_1 \cdot AP_2}$〕。

　AP_1 と AP_2 の比例中項は簡単に作図できる。図 6.3 のように，まず，このふたつの長さをひとつの線分上に取り，この線分 P_1P_2 を円の直径

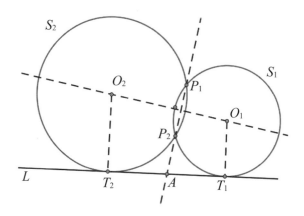

図 6. 2

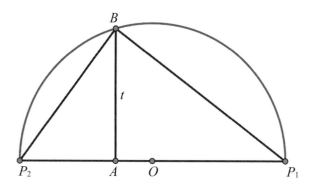

図 6. 3

として描く。点 A で垂線を立てて，円との交点を B とすると，線分
AB は直角三角形 $P_1 P_2 B$ の高さであり，直角三角形における関係から，
$AP_2 : AB = AB : AP_1$ により，AB つまり t は，AP_1 と AP_2 の比例中
項となる。

　このようにして比例中項の長さが作図で求められるので，それを用い
よう。図 6.2 における L 上の点 A のそれぞれの側に，長さ t の線分
AT_1 と AT_2 を取ることができる。AT_1 と AT_2 の長さは割線による線

分 AP_1 と AP_2 の比例中項なので，T_1 と T_2 は求めるふたつの円の接点である。ゆえに〔3点が決まるので〕，円上の 2 点と，円の接線となる直線が与えられているとき，その円（この場合はふたつの円）の作図が完成する。

作図 3——PLL，1 点と 2 本の直線

　この作図（点 P と 2 本の直線 L_1 と L_2 は与えられている）でできる完成形を見ると，一般に，2 点 P と P' を共通にするふたつの解があることがわかるだろう。この 2 点は，図 6.4 にあるように，角の二等分線 OB について対称な位置にある。

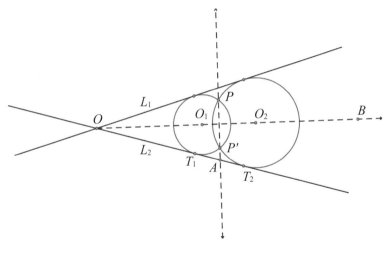

図 6.4

　さらに，共通の弦 PP' を含む直線は一方の側の，たとえば L_2 と点 A で交わらざるをえない。また，与えられた直線 L_1 と L_2 でできる一方の角に，二等分線を作図することはできる。これによって，OB について P と線対称の位置にある点 P' が求められる。つまり，これで PLL の作図は，先ほど完成した PPL の作図法に帰着される。

作図 4——LLL，1 点で交わらない 3 本の直線

　いくつかの円を，それぞれが 3 本の直線——この場合は ΔABC の辺
——に接するように作図するのは簡単で，まず，図 6.5 にあるように角
の二等分線の交点に各円の中心を求める〔内接円と傍接円の作図〕。あと必
要なのは各円の半径だけだ。それを求めるべく，各中心から直線へ垂線
を引けば接点が定まる。中心と円との接点を結ぶ線分がその円の半径
だ。半径と中心がわかれば，円は描ける。

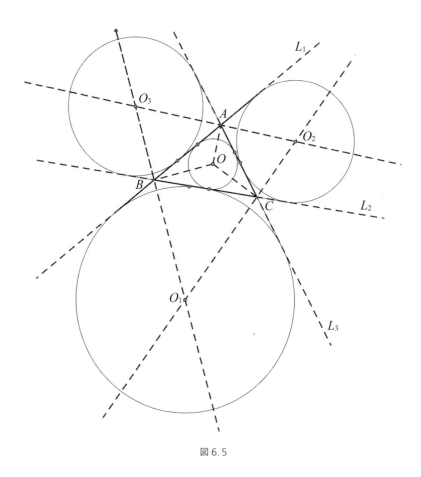

図 6.5

作図5——PPC，2点と1個の円

　2点 P_1 と P_2，円 C が与えられているときに別の円を作図するには，やはり完成形からのしかるべき分析と計画が必要になる。図 6.6 に示したように，円は，共通の接線が引ける点 T で接することになる。この接線上の任意の点 A から，求める円と点 P_1 と P_2 で交わる割線と，与えられた円と点 Q と R で交わる割線を引けば，$AP_1 \cdot AP_2 = AT^2 = AR \cdot AQ$ が得られる〔p.15参照〕。この等式の結果として，4点 P_1, P_2, Q, R は共円，つまり同じ円周上にあることがわかる。言い換えれば，点 P_1 と P_2 を通る円を描けば，その円は点 Q と R も通るということだ。

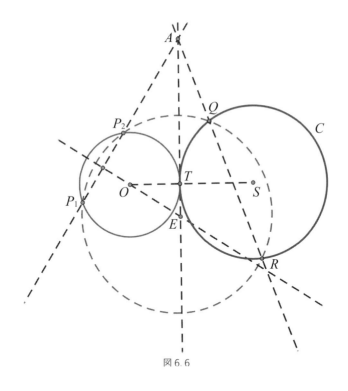

図 6.6

　この配置を設定してしまえば，「逆算」して実際の作図ができる。まず，線分 P_1P_2 の垂直二等分線を引く。これは点 P_1 と P_2 を通るすべて

の円の中心の軌跡である。この垂直二等分線上の任意の点 E をとり，E を中心とし，半径を EP_1 とする円——これを (E, EP_1) と書く——を描き，与えられた円 C との交点を Q, R とする。次に直線 QR を引いて，P_1P_2 と交わる点を A とする。点 A から円 C に接線 AT を引く。さらに続けて，円 C の中心 S から半直線 ST を引き，P_1P_2 の垂直二等分線との交点を O とすると，これが求める円の中心となる。したがって，中心を O とし，与えられた2点 P_1 と P_2 を通り，同時に与えられた S を中心とする円とも接する円が描ける。点 A から円 C へのもう一つの接線を考えれば，もう一つの解が得られる。

作図6——PLC，1点と1本の直線と1個の円

　今回は，与えられた1点を通り，与えられた直線と与えられた円に接する円の作図を確定する。そのためにまずは完成形がどんな様子かを示して，そこにある作図法を分析できるような概略図（図6.7）から見てみよう。

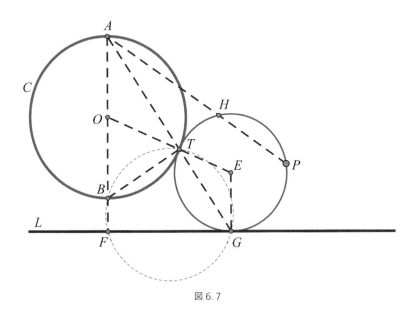

図 6.7

148

与えられた円 C に接し，与えられた直線 L に接し，与えられた点 P を通る円 (E, EG) を描こうとしている。二つの円の中心を結ぶ直線 OE は，円どうしの接点となる点 T を通る。さらに点 O を通る L への垂線を引き，与えられた円との交点を A, B とする。これは直径の両端でもある。次に，円の中心 E から L に垂線を引き，交点を G とする。これは接点にもなる。さらに進んで，線分 BT, AT, TG を引く。最後に AP を引いて，求める円との交点を H とする。

　直線 OF と EG は平行で，ΔOAT と ΔTEG は二等辺三角形。中心 O と E のそれぞれの頂角は等しい（平行な直線の錯角）。ゆえに，底角 $\angle OAT = \angle ETG$ となる。すると AT と TG は同一直線上にあると言える。また，$\angle ATB$ は半円の円周角なので直角である。したがって，$\angle BTG$ も直角となる。今度は四辺形 $FBTG$ に注目すると，向かい合う頂点 F と T がともに直角で互いに補角を成すので，この四辺形は，直径を BG とする円に内接する。点 A からの割線を考えると，$AT \cdot AG = AB \cdot AF$ が得られる。ところが，点 T, G, P, H も共円上にあるので，$AH \cdot AP = AT \cdot AG$ であり，ゆえに $AH \cdot AP = AB \cdot AF$ となる。これによって，点 H が求められるので〔ΔBFP の外接円が AP と交わる点を H とする＝B, F, P, H が円に内接する四辺形になるようにすることもできる〕，問題は作図 2（PPL）に帰着する。

　具体的には，次のようにしてまず点 H を求めることによる。円 C の中心である点 O から直線 L に垂線を作図し，交点を F とする。この垂線は円 C と A と B で交わる。それから直線 AP 上に長さ AH の線分を作図する。これは次の比率から求めることができる。

$$\frac{AP}{AF} = \frac{AB}{AH}$$

　それから，作図 2（PPL）で行なったことを繰り返せば作図は完成だ。ここで使うのは，点 P と H，直線 L である。

作図7——LLC，2本の直線と1個の円

これまでと同様，結果にどうたどりつくかが分析できるように，解が
すでに得られていることを前提にする。図6.8には完成形の，直線
L_1, L_2 に接し，円 C に接する円 S が示されている。求める円 S の中心は
O で，与えられている円の中心は A である。求める円の半径を x とし，
与えられた円の半径を r とする。したがって，長さ OA は $x+r$ であ
る。すると，中心を O として半径 $x+r$ の円 S' を作図すれば，この円は
点 A を通る。そこで2本の直線 L_1', L_2' を，それぞれ与えられた直線の
一方に平行，かつ円 S' に，それぞれの平行の相手から距離 r のところで
接するように作図できる。

この2直線は簡単に作図できるので，この場合は作図3（PLL）の手法
に帰着する。この場合，与えられた点とは問題で与えられた円の中心 A
であり，直線のほうは，問題で与えられた直線 L_1 と L_2 から r の間隔で
平行な直線 L_1' と L_2' である。この作図問題の解となる円 S' は，求める
中心 O を与える。作図3（PLL）から，一般に二つの解があることはわか
っているので，こちらも図6.8に示したように，S と S^* の二つの解があ
るはずだ。

また別の可能性，つまり解となる円 T が，与えられた円と内側で接す

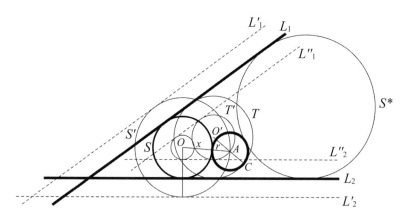

図6.8

る場合も調べるべきだろう。この場合には，両円の中心を結ぶ線分の長さ $O'A$ は，先ほどの例と違い，両者の半径の和ではなく差になる。このときは，新しい補助円 T' を導入する。これは円 T と中心は共通だが内側にあり，半径は $x-r$ である。それは与えられた円の中心 A を通り，2本のそれぞれ与えられた直線 L_1 と L_2 に平行だが，先とは違い，L_1 と L_2 の交点の内側で交わる補助線 L_1'' と L_2'' に接する。ここでも問題は，作図3（PLL）に帰着され，対応するのは点 A と直線 L_1'' と L_2'' となる。この場合にも解は二つあるが，図6.8には一方の T のみを示した。

作図8——PCC，1点と2個の円

毎度同じだが，完成形を見ながら作図のしかたを分析する。図6.9で求める円 S を見るに，二つの円 C_1 と C_2 にそれぞれ T_1 と T_2 で外接して，通らなければならない点 P がある。二つの円 C_1 と C_2 の共通接線は中心を結ぶ直線 O_1O_2 と点 R で交わり，この点は両円にとって「相似の中心」を成す。T_1, T_2 を結ぶ直線は，やはり点 R を通り，これはやはり別の相似の中心を成す。この分析の補助とするために，この点と線を図6.9に示した。$\Delta U_1O_1T_1, \Delta T_1OT_2, \Delta T_2O_2U_2$ という三つの三角形はすべて二等辺三角形で，等しい底角をもつことがわかる。さまざまな等しい錯角から，$O_1U_1 \parallel OO_2$ と $O_1O \parallel U_2O_2$ が確かめられる。ゆえに，相似な三角形（$\Delta RO_1U_1 \sim \Delta RO_2T_2$ と $\Delta RO_1T_1 \sim \Delta RO_2U_2$）が得られ，そこから次の式が出てくる。

$$\frac{RU_1}{RT_2} = \frac{RO_1}{RO_2} = \frac{RT_1}{RU_2}$$

これによって，$RU_1 \cdot RU_2 = RT_1 \cdot RT_2$ となる。ところが，各円を別々にとると，$RU_1 \cdot RT_1 = RK_1^2$ および $RU_2 \cdot RT_2 = RK_2^2$ が得られる〔K_1, K_2 は R から円に引いた接線の接点〕。

したがって，

$$(RU_1 \cdot RT_1) \cdot (RU_2 \cdot RT_2) = RK_1^2 \cdot RK_2^2 = (RU_1 \cdot RU_2) \cdot (RT_1 \cdot RT_2)$$
$$= (RT_1 \cdot RT_2)^2$$

ゆえに, $RT_1 \cdot RT_2 = RK_1 \cdot RK_2$ となる。

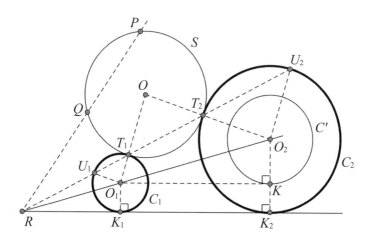

図 6.9

そこから, 点 T_1, T_2, K_2, K_1 はすべて同じ円周上, つまり共円上にある
ことがわかる〔作図 5 を参照〕。それは, 円 O の図における, 点 T_1, T_2, P,
Q についても言える。ゆえに $RQ \cdot RP = RT_1 \cdot RT_2 = RK_1 \cdot RK_2$ となっ
て, 点 P, Q, K_1, K_2 も共円上にあることがわかる。これで作図に移れる
ようになった。まず, 与えられた二つの円の共通接線を引きたいのだ
が, この接線を作図するには, まず円 $C' = (O_2, O_2K)$ を作図する。ただ
し半径 O_2K の長さは与えられた二つの円の半径の差である。そうして
O_1 から円 C' に接線を引く。二つの与えられた円への共通接線は接線
O_1K に平行で, 間隔は O_1K_1 となる直線である。

上で得た等式 $RQ \cdot RP = RK_1 \cdot RK_2$ から, K_1, K_2, P, Q は共円上にあ
り, K_1, K_2, P の 3 点を通る円は作図でき, その円と RP との交点として
点 Q の位置を特定できるので, 問題は点 P, Q と与えられた円のいずれ

かを使った作図5（PPC）に帰着される。

　与えられた二つの円のいずれか，あるいは両方に内側で接する円Sも描けるだろうし，与えられた円に対してPがどこに配置されるか次第で様相は異なってくるだろうから，まだまだ調べなければならないことはあるが，この先は野心のある読者に委ねたい。

作図9——LCC，1本の直線と2個の円

　これまでと同様，先に完成形を図6.10に示す。ここには，円C_1とC_2とそれぞれの半径r_1, r_2と，直線Lが与えられている。

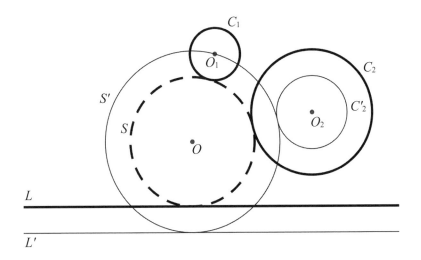

図6.10

　解となる円Sと同心円で半径はOO_1となる円S'を描き，解となるSをS'に「拡張」して考える。このとき，円S'は点O_1を通り，円C_2と同心円だが，半径は与えられた半径r_1とr_2の差に等しい新しい円C_2'に接する。また，直線Lに平行で間隔がr_1の直線L'に接する。C_2'とL'を作図することはたしかにできる。したがって円S'は，与えられた点がO_1，与えられた直線がL'，与えられた円がC_2'となる作図6（PLC）とし

て作図できる。円 S' が作図できれば，解となる円 S を得るのは，中心と半径がわかっているので比較的簡単である。

作図 10——CCC，3 個の円

10 の問題群のこの最後こそ「アポロニウスの問題」と呼ばれ，特別なケースとしてこれまでの他の作図とは別のカテゴリーと扱われることも多く，「アポロニウスの円」と呼ばれる場合もある。与えられた三つの円は相対的な位置関係がいろいろとれて，いずれの場合も複数の解ができる。解がない場合もあるのだろうか。三つの円がすべて同心円だったらどうなるか。

与えられた円の配置には多くの場合があるのだが，その一つを図 6.11 に示した。それを見ると，円がほかの三つの円に接している——一つは

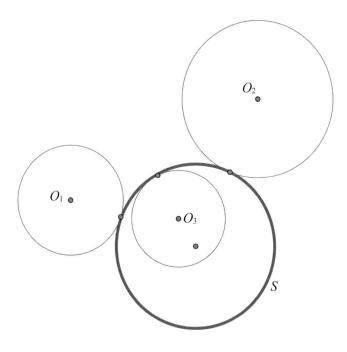

図 6.11

内側で，二つは外側で。

　しかし，ここでは三つの円にありうる配置のうちの一つだけを取り上げる —— これが最も一般的だと考えられるだろう。三つの円がすべて互いに外側にある場合である。

　この場合は，一般的な条件ではさまざまな解，実際には8通りの解を生むことができる。とはいえここではそのうちの一つだけ，つまり解となる円が与えられた三つの円すべてに外側で接する円を考える。他の解としては，図6.11に示したような，与えられた円の外側で接する場合と内側で接する場合がある。

　ここでも完成形を分析して逆算しよう。今回は，半径 r の円 S を，三つの与えられた円 —— 中心が O_1, O_2, O_3 で，それぞれの半径が r_1, r_2, r_3 の円 C_1, C_2, C_3 —— に接するように作図したい（図6.12）。

　作図9（LCC）の解を参照すると，その解となる円 S を同心円で拡大し

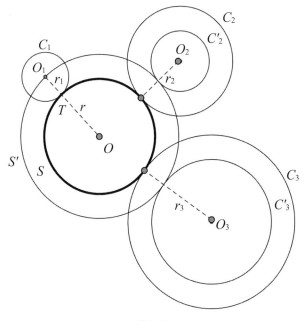

図6.12

た，半径 $r+r_1$ の円 S' がかぶさっている。それから円 C_1 を中心 O_1 という点に「縮め」られる。また，円 C_2 を半径 r_2-r_1 の円 C_2' に縮め，同様に円 C_3 を半径 r_3-r_1 の円 C_3' に縮めることができる。そこで，円 S' は点 O_1 を通り，円 C_2' と C_3' に接することがわかる。これは要するに，作図 8（PCC）に帰着できる——点 O_1 は与えられていて，円 C_2' と C_3' は容易に作図できるからだ。すると，解となる円 S は，S' を，中心 O で半径 $OT = OO_1-r_1$ の円に「縮める」ことで得られる。

図 6.13 には，別の解，円 S が C_1 と内接するが，C_2 と C_3 には外接する場合を示した。解はこれまでとほぼ同じく，作図 8（PCC）に対する解として求められた円 S' を使って得られた。ただし，この場合は C_2' の半径は r_2+r_1 で，円 C_3' の半径は r_3+r_1 となる。

本章では，アポロニウスの問題の 10 通りをすべて取り上げた。しかしこの問題には変種も数多くあるので，意欲のある読者はさらなる奥地に踏み入ってみてほしい。

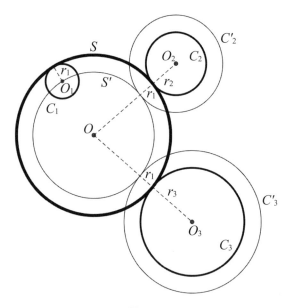

図 6.13

第 **7** 章

反転——円対称

定義と特性

　鏡に映った自分の姿を見ている自分を思い浮かべてみよう。そこに見えているのは実は自分ではなく，自分そっくりに見えるまったくの別人が鏡の向こう側に立っていると想像するのはたやすい。ある意味で，鏡の「こちら側」の世界が，頭のなかで「向こう側」の世界につながっている。ルイス・キャロルでなくても，向こう側の世界にも独自の生命があると想像することはできるが，実際にはありえない。想像の世界は必ずこちらの世界と完全に対称的で，自分の像を見ることで想像されるこの世界は，（数学的な意味で）こちらの世界の「鏡映」と呼ばれる。

　この考えかたの次元を一つ減らすと（そして少し抽象度を加えると），平面上の直線についての鏡映の概念が得られる。

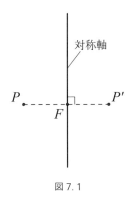

図 7.1

点 P が対称軸（つまり「鏡」）を真正面に（つまりそれに垂直な方向で）見ているとすれば，P は鏡に置かれた垂線の足となる点 F を真正面に見ていることになる。P' は F から P と同じ距離のところにある。これが P' は P の「鏡映」であることの意味で，両者はここで「対称軸」と呼ぶ直線について対称である。

　本書は円についての本なので，その目的に沿って，この鏡映の概念を一般化し，今述べた直線についての鏡映ではなく，円についての鏡映を考えることにする。そのような鏡映は「反転」と呼ばれる。もちろん，新しい概念を導入するときには必ず，言葉の定義が必要だ。この場合は「円についての鏡映」，つまり「反転」の意味を厳密に定義しなければならない。直線についての鏡映の性質と著しく似た性質を得る方法が，何通りかある。

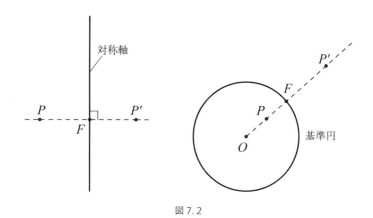

図 7.2

　図 7.2 に示された二つの図を比べてみよう。左側には，「対称軸」と呼ぶ線と，鏡映関係にある二つの点 P, P' とによって表わされる通常の直線についての鏡映がある。P と P' は対称軸に垂直な共通の直線上にあり，この直線上にあって軸の一方の側にあるすべての点は，同じ直線上にあるが軸の反対側にある点に写像されるし，その逆も言える。

　図 7.2 の右側では，左側の軸の代わりに円を使う。先に無限の平面を

軸が二つの部分に分割したように，この円も同じ平面を二つに分ける。当然，こちらでの分割のしかたが違うことはわかる。軸は平面を二つの無限の部分に分けるが，円は平面を有限の部分（円の内部）と無限の部分（円の外部）に分けるのだ。円についての鏡映（円が「軸」の役をする）を定義しようとするなら，直線についての鏡映と似た性質ができるだけたくさんあってほしい。つまり，対称軸（この場合は基準円）の向こうとこちら（円の内と外）で「入れ換えられる」ようになっていてほしい。直線 PP' を考えよう。「軸」に対する垂線上の点が平面で入れ換えられるようにする。直線が円に対して垂直と言う場合，実際にはその直線が，円との交点における円の接線に垂直だと言っている。したがって，その直線には円の直径が含まれることになる。円の内外の点を入れ換えたければ，円のどの方向にも「外」が拡がっていると念頭に置かなければならない。そのため，円の中心から延びる半直線上で，「内側」と「外側」を入れ換えようということになる。

それを実現するには，その半直線を，数直線の正の部分と考えることができる。

図 7.3 にあるように，半直線の原点を円の中心 O に置き，単位点（つまり長さ 1 のところにある点）を円周上の点 F（P の方向にある）に置くと，円の

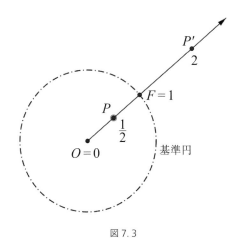

図 7.3

内部にある半直線上の点はすべて 0 と 1 のあいだの値を表わし，円の外の半直線上の点はすべて 1 より大きい値を表わすことがわかる。そこでは，半直線上の点を同じ半直線上の点に写像しようとしており，半直線上の長さは互いの逆数になる。つまり，P が線分の長さ $OP = \dfrac{1}{2}$ で表わされるなら，P' は線分の長さ $OP' = 2$ となる。$\dfrac{1}{2}$ や 2 という数は，単位長を円の半径に等しいとして，単純に O からの距離を表わす。

　長さの単位を別に取れば，円の半径を r と考えることもできる。この場合は，O から P までの距離は $\dfrac{1}{2}r$ で，O から P' までの距離は $2r$ となる。同様の値はこのようにして導かれるほかのすべての点について成り立つので，定義のための式，$OP \cdot OP' = r^2$ が得られる。

　こうして，半直線 OF 上の点 P と点 P' の関係が明らかになる。この方向で考えれば，たとえば別の点 Q を，O からの距離 $OQ = \dfrac{1}{3}r, OQ' = 3r$ となるようにとることができ，やはり $OQ \cdot OQ' = r^2$ が成り立つので，これも入れ換え可能である。もっと一般的に言えば，円についての鏡映（これを以後「反転」と呼ぶ）によって，任意の正の整数 k について，入れ替えられる，あるいは互いに写像となる点 Q と Q' が，$OQ = \dfrac{1}{k}r, OQ' = kr$ となる点として得られる。Q が円の中心 O に近づくにしたがって，対になる点 Q' は円の外へ遠ざかっていく。

　反転を定義すると，この点の関係が，直線軸での鏡映と共通の興味深い性質がいくつかあることがわかる。次の図を考えてみよう。

　図 7.4 の鏡映と反転は，ともに前の図にあったものと変わらないが，左側の図では，P と P' を通る円（の一部）が点線で加えられている。P と P' を通るどの円も，その中心は P と P' から等距離のところ，つまり対称軸上になければならず，この直線は，もちろん PP' の垂直二等分線となる。この直線上に中心がある円は，この直線と直交すると言われ，これは図に示すように，円と軸の交点での円の接線が対称軸に垂直になることを意味する。

　さて，これを右側の図と比べよう。こちらも点 P と P' を通る円を点線で示している。この円の中心も P と P' から等距離にある。反転の定義から，$OP \cdot OP' = r^2$ が成り立つ。また，円にその外部の点から接線と

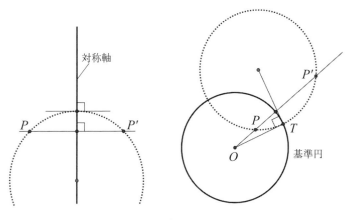

図7.4

割線を引くと，第2章で見たように，接線の長さは割線全体と円の外側部分との比例中項になることもわかっている。したがって，P と P' を通る円の接線 OT の長さはちょうど r になる。この T での接線は P と P' を通る円の半径に垂直であることから，「二つの円は直交する」と表現される（図7.4参照）。

そこからただちに，直線と円についての2種類の鏡映に注目すべき類似を見出せる。どちらの場合にも，「対称」点（つまり対の相方）は，最初に与えられた点を通り，鏡映の軸となる直線または円と直交する円をとることによって見つかる。

さらに，反転による変換は，直交するどの円の点も（基準軸となる円は，一般に「反転円」と呼ばれる），同じ円の別の点に写像することがわかる（図7.5）。要するに，反転変換は基準円と直交する円を当のその円に写像する（写像とは，図形上の点を別の図形上の点に対応させることだが，ここでは緩い使いかたをして，図形を図形に写像するとしている。意のあるところをお酌みとりいただきたい）。

これは特筆しておくべき事実だ。通常の直線による鏡映はどんな図形も合同な図形に写像する。一方，反転では基準円の半径上にできるどんな有限の長さの線分も，無限の長さの線分に写像することになるし，逆

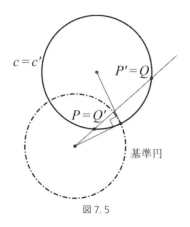

$c = c'$

$P' = Q$

$P = Q'$

基準円

図 7.5

も言えるというのに, この反転は, ある図形をそれと同じ図形に, つまり円を円に写像するなどとは予想されないだろう。ところがここではそういうことになるという。こんな意外なことがありうるだろうか。

もちろん実際には, この事実は反転という変わった世界にある円について何が起きるかをうっすら示す最初の例にすぎない。これから見るように, 円と直線は円と直線に (もちろん 1 点 1 点が) 写像される。驚くことに, 円と直線は, 「円の一般化」と言えそうな同じカテゴリーに属していることが見えてくる。

しかし, この魅惑の性質に進む前に見ておくべき別の反転の幾何学的定義がある。この定義はすでに用いている定義と同値だが, 今後の話のためにここで手にしておくと, これはのちに便利な道具になる。

円が与えられているとして (中心 O, 半径 r), それについての反転を定めたい。さらに, 円の内部の点 P も与えられているとする。次のような手順をとる。

まず, 図 7.6 にあるように, O から出て P を通る半直線を決める。この半直線に垂直で P を通る直線が円と 2 点で交わる。その一方を T とする。P を反転した点 P' を定める。これは T における円の接線と半直線 OP との交点である。

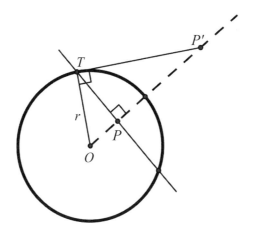

図 7.6

　点 P を求めるには，この作図の順序を逆にして，まず P' を通る円の接線と接点 T を求め，それから O から出て P' を通る半直線を引き，この半直線に T から下ろした垂線の足を求める。

　この定義が先に紹介した例と同等であることは容易に見て取れる。三角形 OPT と OTP' は直角三角形で直角 O が共通なので，両者は相似であり，

$$\frac{OP}{OT} = \frac{OT}{OP'}$$

が得られ，$OP \cdot OP' = OT^2$ となる。$OT = r$ なので，これは要するに，元の定義の式 $OP \cdot OP' = r^2$ のことである。

反転の拡張——円と直線

　これで単純な図形の反転に取り組む準備が整った。直線 l が反転円 c の中心 O を通るなら，あらゆる点がその同じ直線上に写像できることはすでに見た〔図 7.2 を参照〕。ただし O だけは別だ。この特殊な点についてどうなるかは定義しなかったし，実のところ，それはできない。ある

意味で，O は「無限遠に」写像されるとも言える。O から距離 0 の点は，2 点の距離の積が 0 以外になるのであれば，O から無限の距離にある点に写像せざるをえないということだが，これは実際には言葉のあやにすぎない。この O 以外の場合には，点 O を通る直線 l はそれ自身に写像される。

さて，O を含まない直線ではどうなるだろう。この状況は図 7.7 に示した。

こちらの l は O を通らない。点 A は O から l への垂線の足で，A' は点 A を円 c について反転した点である。点 P は l 上にある別の点で，P' はその反転である。(A, A') と (P, P') は互いに反転の点の対なので，$OP \cdot OP' = OA \cdot OA' = r^2$ で，ゆえに，

$$\frac{OA}{OP} = \frac{OP'}{OA'}$$

今度は ΔOAP と $\Delta OP'A'$ を考える。この二つは角 O が共通で，O を通る辺は先に見たとおり，比例関係にある。つまり両者は相似である。これは $\angle OAP = 90°$ なので，$\angle OP'A' = 90°$ であることを意味する。したがって，点 P' は直径 OA' の円周上にあり，これは l 上のすべての点 P に成り立つので，l の各点は直径 OA' の円周上（もちろん O そのものは含まない）に写像されることがわかる。

反転は逆方向にも成り立つので，O を通る任意の円は直線に写像される。この円が c と交わるなら（図 7.7 のように），基準円に対する反転となる直線は単純で，交点を結ぶ直線である。反転する直線が円と交わらなければ，反転で得られる円全体が円 c の内側になければならない。

すると，これまでに何がわかったか。O を通る直線はそれ自身に写像される。O を通らない直線は，O を通る円に写像されることもわかっていて，それはさらに，O を通る円が直線に写像されるということである。まだわかっていないのは，O を通らない円がどうなるかで，この状況は図 7.8 に描かれている。

ここでは，中心が O_1，半径が r_1 の円 c_1 があって，半径 r の円 c につ

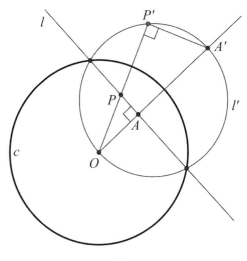

図 7.7

いて反転したい。点 T_1 は c_1 上に，直線 OT_1 が c_1 に接するようにとった点である。さらに，P_1 は c_1 上の点で，Q_1 は半直線 OP_1 が c_1 と交わるもう一つの点である。点 P_1', Q_1', T_1' はそれぞれ P_1, Q_1, T_1 の反転による点である。最後に，O_1' は O_1 の反転ではなく，半直線 OO_1 上の，

$$\frac{OT_1'}{OT_1} = \frac{OO_1'}{OO_1}$$

となるような点である（この理由はすぐに明らかになるし，図を見てすでに推測がついたかもしれない）。

　反転の定義によって，$OT_1' \cdot OT_1 = r^2$ と $OQ_1' \cdot OQ_1 = r^2$ が得られ，ここでも接線は割線全体と外部にできる線分との相乗平均なので，次が得られる。

$$\frac{OP_1}{OQ_1'} = \frac{OP_1 \cdot OQ_1}{r^2} = \frac{OT_1^2}{OT_1 \cdot OT_1'} = \frac{OT_1}{OT_1'} = \frac{OO_1}{OO_1'}$$

ΔOO_1P_1 と $\Delta OO_1'Q_1'$ も角 O が共通なので，両者は相似になる。P_1 は

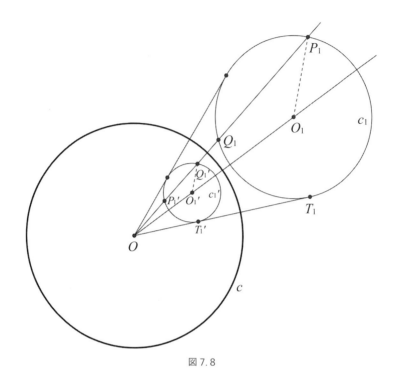

図 7.8

c_1 上の任意の点なので，これは c_1 の反転像 c_1' が中心を O_1' とする円であることを意味する。円 c_1 と c_1' が相似なので，c_1' の半径 r' は，次によって得られる。

$$r' = \frac{r \cdot OT_1'}{OT_1} = \frac{r^3}{OT_1^2}$$

　これまでの話をまとめると，すべての直線と円の集合（点 O を含まない）は，同じ図形上に写像されるという驚くべき結果が得られた。これも直線による鏡映から予想はできた。そちらでも，直線は直線に写像され，円は円に写像され，それと同様ということだ。反転については，この集合は今や混じり合うが，特性は基本的に変化していない。
　反転にはほかにも魅力的な特性があり，そのうち一部には直線での鏡

映についての場合とまったく同じものもあれば，そうでないものもある。たとえば，円の面積は明らかに（鏡映の場合とは違って）反転で不変ではないが，円（と直線）が成す角は等しい。このテーマに関心があれば，さらに調べてみてほしい。

アポロニウスの問題を反転で解く

　第6章ではアポロニウスの問題を紹介した。これは与えられた直線や円に接したり，与えられた点を通ったりの条件を満たす円を作図するという問題群だった。解きやすいものも難解なものもあったが，反転は円を直線に変換できるようにするので，難しいほうの問題をいくつか，より簡単な問題に帰着させる，きわめて便利なツールとなってくれる。

　その典型的な問題をここで紹介しておこう。二つの円 c_1 と c_2，および点 P が与えられていて（図7.9），与えられた円の両方に接し，P を通る円を作図したい。第6章の表記で言えば，PCC問題（作図8）である。

　c_1 と c_2 に共通の点 M_i の一方を中心とする反転円 c_i を選べば，c_1 と c_2 の反転は直線 c_1' と c_2' を生む〔図7.7〕。点 P' を通り，c_1' と c_2' が共通に接する円 C_1' と C_2' を見つけるのは，もっと単純なPLL型の問題（第6章の

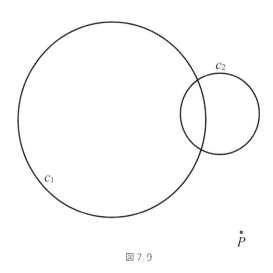

図7.9

作図3）になる。この反転は図7.10のように行なわれ，得られる接する円 C_1' と C_2' は図7.11で作図されている。

さて，ここから何が得られたか。まずは円 C_1' を考えよう。C_1' は P' を通るので，その基準円 c_i についての反転である C_1 は，P' を反転した点 P を通らなければならない（図7.12）。また，C_1' と c_i は接するので（つまり1点だけを共有するので），両者を反転した点についても同じことが言え，円 C_1 は円 c_1 と1点だけを共有する。つまり両者はこの共有点で接する。これはこの図のほかの直線と円の組合せについても同様である。円 C_1' と C_2' を反転すれば，求めていた接する円 C_1, C_2 ができる。図7.12ではそれが示されている。

そして図7.13が結果として得られる作図を見せている。円 C_1 と C_2 は，条件どおり，ともに与えられた円 c_1 と c_2 に接していて，どちらも点 P を通る。

こうすると，アポロニウスの問題でも難しいほうの問題を単純な問題に帰着できるので，この種の問題をきわめて効率的に解けるようになる。

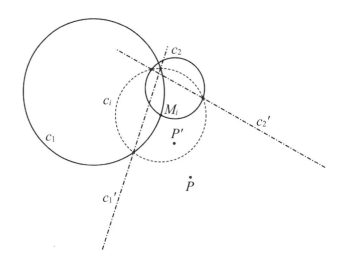

図7.10

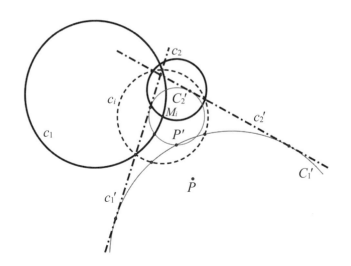

図 7. 11

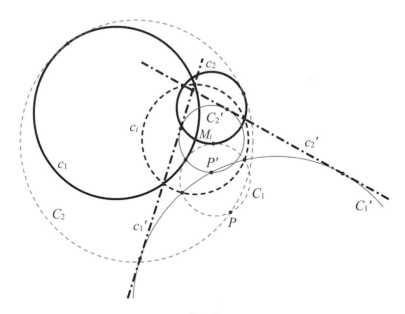

図 7. 12

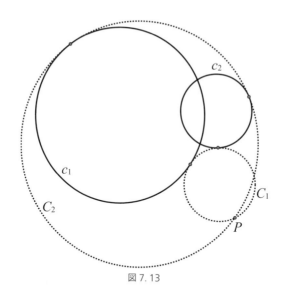

図 7.13

シュタイナー円鎖，パップス円鎖，算額

「シュタイナー円環」という名は，19 世紀にこれを研究したスイスの幾何学者，ヤーコプ・シュタイナー（1796〜1863）に由来する。これは，与えられた互いに交わらない二つの円に接する円だけから成る集合，と定義される。円のそれぞれは，前後の円とも接して円鎖をなす。とくにおもしろいのは，いわゆる閉じたシュタイナー円鎖で，もちろん最初と最後の円も互いに接する。このような閉じたシュタイナー円鎖の例を図 7.14 に示した。

そのような円鎖は，図 7.15 に示したような，二つの同心円のあいだに合同で接する円を均等に並べたものを，基準円 c_i について反転することで容易に作れる。

シュタイナー円環には，この作図からすぐに導けるという注目すべき性質がある。k 個の円から成る閉じたシュタイナー円鎖が，与えられた二つの円（図 7.15 では円 c_1 と c_2 で，$k = 6$）について一つ存在するなら，その二つの円については k 個の円でできるシュタイナー円環は無限個存在する。さらに，与えられた両方の円に接するどの円も，そのような円

170

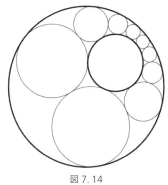

図 7.14

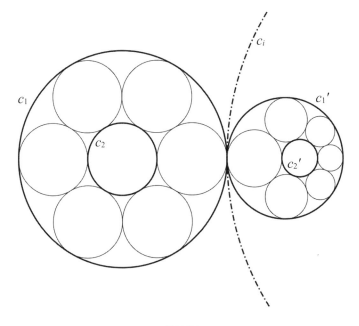

図 7.15

鎖の一部となる。この事実は，一般にシュタイナーの不定命題と呼ばれる。これが成り立たなければならないという事実は，図 7.15 をもっと細かく見れば納得できるだろう。左側の円 c_1 と c_2 は，二つの同心円 c_1

と c_2 の共通の中心を自由に回転できる。この左側の円の配置全体をし
かるべき角度で回転させれば，それに応じて，右側にある c_1' と c_2' に共
通に接する円のどんな組合せにでも対応させることができる。これはつ
まり，$k = 6$ について，右側の c_1' と c_2' に共通に接する，ありうるどんな
シュタイナー円の配置でも得られるということだ。左側での回転には何
の制約もなく可能なので，シュタイナー円の組合せもたしかに無限個あ
る。

「パップスの円鎖」は，先にも紹介したアレクサンドリアのパップスと
いう，古代でも有数の重要な幾何学者にちなんで名づけられている。こ
れはまず，片方の円にもう片方の円が内側で接するように与えられてい
る二つの円があり，その二つに接する円だけから成る集合である。シュ
タイナー円鎖の場合と同様，この円はそれぞれ円鎖の前後にある円と接
する。そのようなパップス円鎖の例を，図 7.16 に示した。

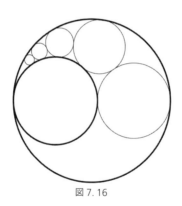

図 7.16

　シュタイナー円鎖を作図するのに使ったのと似た方法で，円と直線の
基本的配置を反転することによって，パップス円鎖も簡単に作図でき
る。この場合には，図 7.17 にあるように，2 本の平行な直線 c_1' と c_2' と，
互いに接し，それぞれ両直線にも接する合同の円の列（$1'$, $2'$, など）から始
めるとよい。

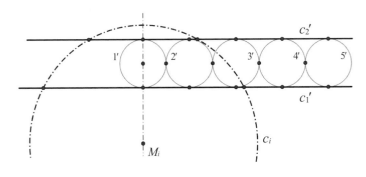

図 7.17

この円 c_i のなかの配置を，円 $1'$ が c_1' と c_2' に接する点を結ぶ線上にある中心 M_i について反転すると，求める配置が得られる。この反転は図 7.18 に示され，結果として得られるパップス円鎖は図 7.19 に示した。

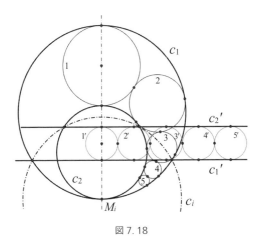

図 7.18

シュタイナー円鎖やパップス円鎖のような配置は，多くの文化圏で独自に調べられている。これは日本の古典的な「算額」にもよくある主題だった。たとえば点，直線，円，楕円の配置を取り上げた幾何学の問題が，通行人に出題するべく神社に掲げられていた。1826 年，東京の牛島

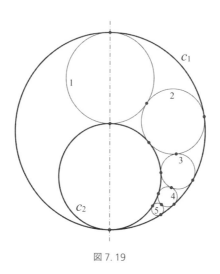

図 7.19

長命寺に掲げられた算額が有名だ。図 7.20 に見られるように、あいにく原本の保存状態があまり良くない。

図 7.20　1826 年，牛島長命寺に掲げられた算額の写真（深川英俊の許諾を得て掲載）

この問題は，1826 年，白石長忠が同年に著した『社盟算譜』に収録したことが知られている。該当するページを図 7.21 に転載した。

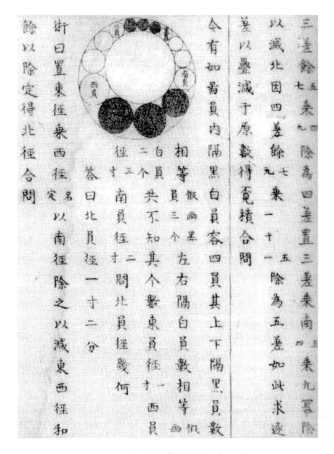

図 7.21　白石長忠『社盟算譜』（1826）

　この問題は，同心円ではない二つの円で構成されるシュタイナー円鎖と，14個の接する円の環が与えられている場合に（図7.22），次の式が成り立つことの証明だった。

$$\frac{1}{r_1}+\frac{1}{r_8}=\frac{1}{r_4}+\frac{1}{r_{11}}$$

ただし，r_iは円鎖のなかのi番目の円の半径である（つまり，配置のなかに

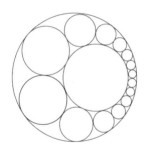

図 7.22

あるどの円でも円 1 と名づけ，1 に接する円を 2 とし，その次を 3 として以下同様に円 14 まで達するまで続け，円 1 の半径を r_1，円 2 の半径を r_2 として，円 14 の半径を r_{14} と名づける）。

　当時，証明はかなりの難問とされていたが，本章に述べた情報により，図 7.15 に示したように反転を適用するだけで証明をまとめられるはずだ。

　ほかにいくつもおもしろい算額の問題があり，深川英俊とダン・ペドーの共著による『日本の幾何——何題解けますか？』と，深川英俊とトニー・ロスマンの共著による『聖なる数学：算額——世界が注目する江戸文化としての和算』に収められている。

　本章で見たように，反転は，互いに接したり直交したりする円と直線がからむ場面では，作図にも証明にもきわめて強力な道具になりうる。この道具は，幾何学に傾倒する人々の関心を，古代ギリシアから日本の江戸時代を経て，現代に至る何世紀にもわたって惹きつけてきた問題にも有効に応用できることに気づけば，さらに多くの人が興味を持つトピックとなるだろう。

マスケローニの作図法──コンパスだけで

　長年にわたり，きっとユークリッドの時代から，作図は目盛のない直線定規とコンパスのみを使うという制限があった。当然のことながら，この道具だけで何でも作図できるとはかぎらない。たとえば「ギリシアの三大作図問題」は，それぞれ"解かれる"まで長年数学者を悩ませてきた。その三つの問題（角の三等分問題，円積問題，立方体倍積問題）は，この二つの道具だけではできないというのが答えだった。言い換えると，目盛のない直線定規とコンパスだけでは，任意の角を三等分したり（直角のように三等分できる角はいくらかあるが），円と同じ面積の正方形を作図したり，与えられた立方体の体積の2倍の立方体の辺の長さを作図したりすることはできない。ところが意外にも，目盛のない直線定規とコンパスだけを使ってできる作図はすべて，コンパスだけを使って（定規を使わないで）行なうことができるのだ。こんなことを言うとまっさきに，直線定規なしにどうやって直線を引くのか，できるはずがないじゃないかと反論される。直線は無限個の点の連なりでできているとはわかっているので，直線上には必要なだけいくらでも点が置ける──あるいは同一直線上の点をいくらでも作図できる──ということはわかる。つまり理論的には，そのような点を無限個作図することに相当する。

　長年，作図のためには，定規よりもコンパスのほうが使えると思われていた。これは，完全な直線定規など存在しえないという考えに基づく見方だ。懐疑論者の考えでは，どんなに念入りに製造しても必ず欠陥が生じる。その結果，直線は現にある直線定規に従った正確さで真似でき

るだけだ。これに対してきちんとした円は，ちゃんとしたコンパスを使えば必ず描ける。そのような理由から，コンパスだけの作図法には人気があった。たとえば，正三角形の頂点を定める，円を六つの等しい弧に分割するなどの作図は，あたりまえにコンパスだけを使ってできる。このことがおそらく，パヴィア大学の教授であったイタリアの数学者ロレンツォ・マスケローニ（1750〜1800）が，1797年に『コンパスの幾何学』という著書を刊行する舞台を調えたのだろう。マスケローニはこの本で，それまで定規とコンパスの両方が必要だったすべての作図が，実際にはコンパスだけでできることを証明した。ゆえに当時は，「マスケローニの定理」と呼ばれていた。

　しかし1928年，デンマークの数学者ヨハネス・イェルムスレウ（1873〜1950）が，同国人の無名の数学者ゲオルグ・モール（1640〜1697）による1672年の著作を発見した。モールの本には，マスケローニの定理と似た話が収められていたのである。マスケローニは独自にその結論に達していたようだが，今日ではこの定理を「モール−マスケローニの定理」と呼んでいる。ただ本書では，「マスケローニの作図法」という表記を用いて説明する。

　実際に定規の代わりにコンパスを使って直線が作図できることを明らかにする前に，まず，通常は定規も使うが，ここではコンパスだけを使う作図をいくつか示しておく。

　話を簡潔にまとめるべく，円，あるいは円弧を次のように呼ぶ省略法を用いる。中心が点 P で，半径が AB である円は，あらためて (P, AB) という記号で表記する。また，2点が定まればそのあいだの直線が定まることはわかっているので，その直線上にある任意の2点を使って直線の名とする。たとえば，点 A と B を通る直線は，単純に AB と表記する。

　マスケローニの作図法とはどういうことかをうまく説明できそうな例題から始めよう。ここでは，直線 AB 上に $AE = 2(AB)$ になるような点 E を求めてみる。

　図8.1では線分 AB を考えるところから始まる。それから弧 (B, AB)

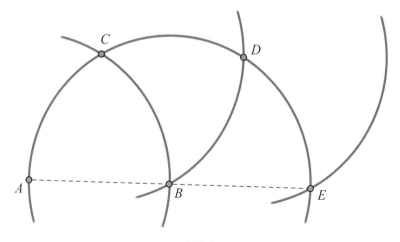

図 8.1

を描く。弧 (A, AB) を弧 (B, AB) と交わるように描き，交点を C とする。それから弧 (C, AB) を弧 (B, AB) と交わるように描き，交点を D とする。さらに，弧 (D, AB) を弧 (B, AB) と交わるように描き，交点を E とする。ここで $AB = BE$，つまり $AE = 2(AB)$ がわかる。これが作図しようとしていたものだ。点 E がたしかに直線 AB 上にあることはどうすればわかるかと問われるかもしれない。$\triangle ABC, \triangle CBD, \triangle DBE$ を見ると（図 8.2），それぞれが正三角形であると気づくはずだ。したがって，角 ABC, CBD, DBE はそれぞれ $60°$ で，これは点 A, B, E が同一直線上にあることを示す。

　この技を用いると，任意の線分の n 倍の長さの線分を作図することができる（ただし $n = 1, 2, 3, 4, …$）。それは図 8.3 に，線分 AB の 2 倍を作図する要領を繰り返すことで示してある。こうすれば，線分 AB の 3 倍，4 倍，5 倍などの線分を作ることができる。

　方法は以下のとおり。弧 (E, AB) を (D, AB) と交わるように描き，交点を F とする。それから弧 (F, AB) を，弧 (E, AB) と交わるように描き，交点を G とする。それからこの手順を (G, AB) について続けて，(F, AB) との交点を $H, (H, AB)$ と (G, AB) の交点を $I, (I, AB)$ と

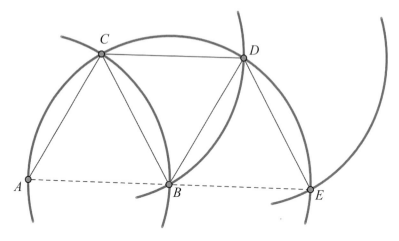

図 8.2

(H, AB) の交点を J，(J, AB) と (I, AB) との交点を K とする。この作
図手順は，図 8.3 で表示できているところより先まで，どこまでも続け
られることがわかるだろう。また，この作図をしながら，直線 AB の上
に多くの点を置けたということにも目を留めよう。これは，直線 AB を
無数の点で生み出せるという，一つの考えかただった。

　これで，与えられたどんな長さの線分でも，その整数倍の線分をいく
らでも作図できることが示されたので，今度は与えられた線分の一部，

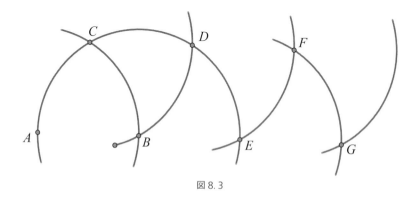

図 8.3

言うなれば与えられた線分の $\dfrac{1}{n}$ の長さの線分を求めてみよう。

　まず，線分 AB の長さの3倍になる線分 AG を，先に描いた手法で引く（図8.4——図8.3と同じだが，この話の出発点として再掲する）。

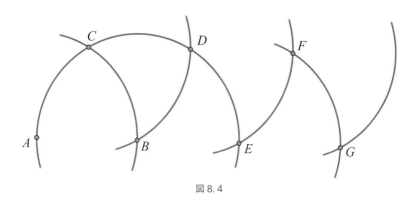

図8.4

　状況をわかりやすくするために，線分 ABG の場合だけを考える。ここでは次のようになる。

$$AB = \frac{1}{3}AG$$

　こうしておいて，AB の長さの3分の1の作図を開始する。まず円 (A, AB) を描く（図8.5）。次に弧 (G, GA) を円 (A, AB) と交わるように描き，交点を C, D とする。弧 (C, CA) と (D, DA) の交点 P は，線分 AB の3等分点となる。つまり

$$AP = \frac{1}{3}AB$$

　AB のもう一つの3等分点を求めるには，先に述べた線分を倍にする手順を用いるだけだ。この場合は線分 AP を倍にすればよい。

　この作図の理屈を説明するために，図8.6を準備した。こちらではこの作図の根拠を明らかにするためだけに，いくつかの線を加えてある。

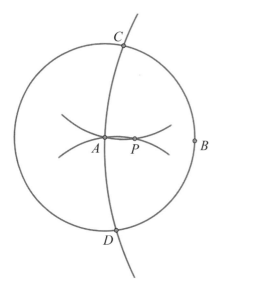

図 8.5

まずは，点 P が実際に直線 ABG 上にあることを示さなければならない。点 A, P, G は，線分 CD の垂直二等分線上にあるので，同一直線上にある。二つの二等辺三角形 $\triangle CGA$ と $\triangle PAC$ は，底角，つまり角 CAP が共通なので相似である。ゆえに

$$\frac{AP}{AC} = \frac{AC}{AG}$$

ところが $AB = AC$ なので

$$\frac{AP}{AB} = \frac{AB}{AG}$$

であり，

$$\frac{AB}{AG} = \frac{1}{3}$$

はわかっているので，

$$\frac{AP}{AB} = \frac{1}{3}$$

つまり，

$$AP = \frac{1}{3}AB$$

だということになる。

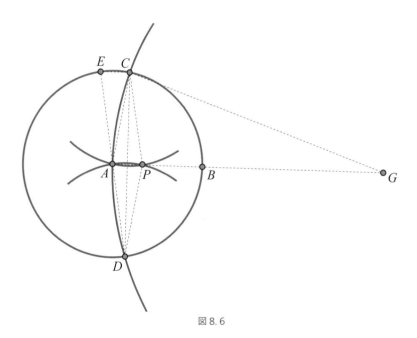

図 8.6

　この作図には，つまり点 P の位置を特定するには，別の方法もある。先に図 8.1 で使った作図を用いて，点 D を通る直径の正反対の側に点 E を求める。言い換えれば，DAE は円 (A, AB) の直径である。図 8.6 から四辺形 $ECPA$ は平行四辺形なので，$EC = AP$ となる。ゆえに，点 P

は，弧 (A, EC) と弧 (C, CA) の交点として定められる（図8.7参照）。

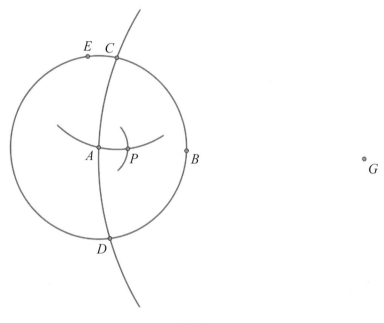

図8.7

マスケローニの作図が従来の定規とコンパスによる作図に代わりうる
ことを示す前に，もう一つ例示しておこう。今度は直線 AB に垂直で，
外部の点 P を通る垂線を作図する。

まず2点 A と B から始め，直線 AB を決める。それから弧 (A, AP)
と弧 (B, BP) を描くと，両者は点 P, Q で交わる。点 A と B はそれぞれ
点 P, Q から等距離にある。したがって，両者は線分 PQ の垂直二等分
線となる。

通常の作図道具 —— 目盛のない定規とコンパス —— だけを使う作図
は，これまでの例で見たように，すべてコンパスだけを使って行なえる
というモールとマスケローニの主張が成立する根拠を示すためには，必
ずしも，想像しうる作図がすべてこれでできることを示す必要はなく，

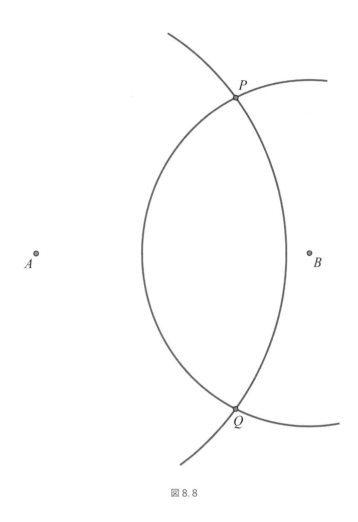

図8.8

次の五つの基本的な作図がコンパスだけでできると示せばよい。この五
つがクリアできれば，通常の器具を使う作図はすべてできるからだ。つ
まり，定規とコンパスを使うどんな作図も，以下の作業を有限回繰り返
したものの組合せにすぎないということだ。

1. 与えられた2点を通る直線を引く。

2. 中心と半径が与えられた円を描く。

3. 与えられたふたつの円の交点を定める。

4. 直線（2点によって与えられる）と与えられた円の交点を定める。

5. 2本の直線（それぞれ2点によって与えられる）の交点を定める。

このリストの1番の作図を完全に満たすことはできないが，先に示した作図で，与えられた2点で決まる直線に追加の点を置けることは明らかにした。2番と3番の作図はコンパスだけでできるので，これ以上言うことはない。2点（A, Bとする）で与えられる直線と，与えられた円（O, r）との交点をとるにはふたつの場合を考える必要がある。当該の円の中心が当該直線上にない場合と，円の中心が直線上にある場合である。

まず，円の中心が指定された直線上にない場合を考えよう。図8.9にあるように，円（O, r）と直線ABがある（破線は，2点で定められる直線ABを見やすくするためだけに添えたもの。実際には引かれていない）。

弧（B, BO）と（A, AO）の交点である点Qを求める必要がある。すると円（Q, r）が描ける。円（Q, r）と円（O, r）の交点が，直線ABと円（O, r）の交点という求められた点である。

この作図が正当である理由は，次のように示すことができる。点QはABがOQの垂直二等分線となるように選ばれている。交わる円（O, r）と合同な円（Q, r）を描くことによって，共通弦PRもOQの垂直二等分線になる。

もうひとつは，円の中心が指定された直線の上にある場合である。今度は，図8.10にあるような円（O, r）と直線（AO）を考えよう。

図8.10では，円（O, r）と2点S, Tで交わる大きさの円（A, x）を描いている。優弧と劣弧の中点をそれぞれP, Rとして，PRが弧STを二等分することを目指そう。

作図を始めるために（図8.11），OはSTが弧となる円の中心として，$OS = OT = r$とする。SとTの距離をdとし，円（O, d）を描く。それから円（S, SO）と（T, TO）を描く。これは円（O, d）とそれぞれ点M, N

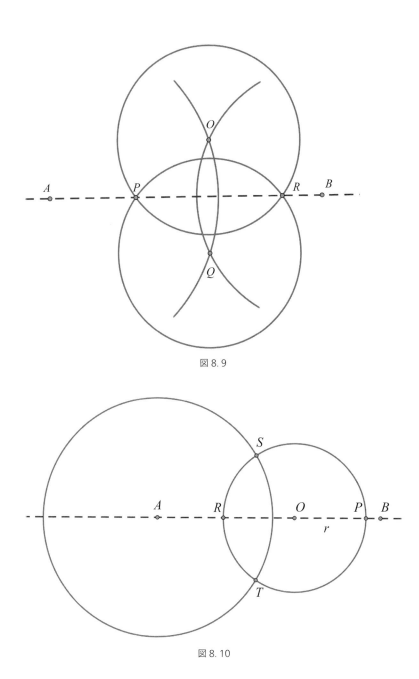

図 8. 9

図 8. 10

で交わる。次に，弧 (M, MT) と (N, NS) を描く。これは点 K で交わる。そこで弧 (M, OK) と (N, OK) を描くことによって，その交点 C, D が弧 ST について求める点だとわかる。

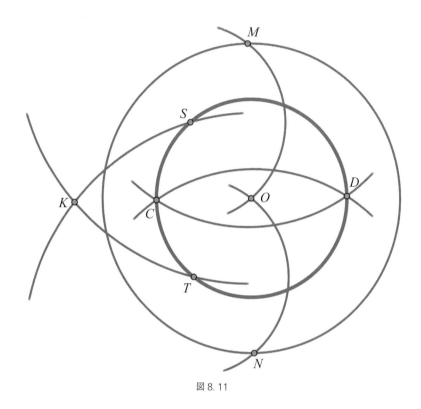

図 8.11

この作図が，弧 ST の二つの中点を求めることを明示するためには，図 8.12 のように補助線をいくつか引いて説明しよう。

まず，四辺形 $SONT$ と $TOMS$ を見る。この二つの四辺形は，対辺が二組ともそれぞれ同じ長さなので，平行四辺形である。ゆえに，点 M, O, N は同一直線上にある。$CN = CM$ かつ $KN = KM$ なら，KC と MN は O で直交することになるので，$CO \perp ST$ となる。ゆえに，CO は線分 ST を二等分し，弧 ST も二等分する。残った作業は，点 C が円

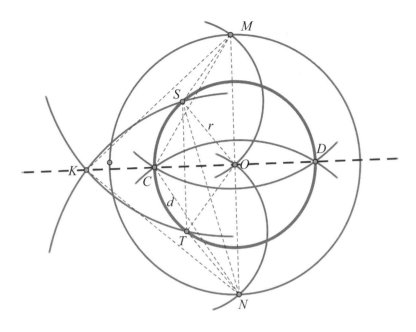

図 8.12

(O, r) 上にある，あるいは $CO = r$ である，というこのいずれかを示す
だけである。

　そのためには，「平行四辺形の各辺の長さの平方の和は，対角線の長さ
の平方の和に等しい」という幾何学の便利な定理[1]を利用しよう。これ
を平行四辺形 $SONT$ に適用すると，次のことが得られる。

$$(SN)^2 + (TO)^2 = 2(SO)^2 + 2(ST)^2$$

つまり $(SN)^2 + r^2 = 2r^2 + 2d^2$ なので，次のようになる。

$$(SN)^2 = r^2 + 2d^2 \qquad (\mathrm{I})$$

三平方の定理を直角三角形 KON にあてはめると，

$$(KN)^2 = (NO)^2 + (KO)^2$$

ところが $KN = SN$ なので，次が得られる。

$$(SN)^2 = (NO)^2 + (KO)^2 = d^2 + (KO)^2 \qquad \text{(II)}$$

等式 (I) と (II) を結合すると，$r^2 + 2d^2 = d^2 + (KO)^2$，つまり $r^2 + d^2 = (KO)^2$ となる。

直角三角形 CON を考えることによって，結論に近づく。ここでまた三平方の定理をあてはめると，$(CO)^2 + (NO)^2 = (CN)^2$，つまり $(CO)^2 = (CN)^2 - (NO)^2$ となる。円 (M, OK) と (N, OK) は点 C で交わり，CN はこの二つの円の半径であることはわかっている。ゆえに，$CN = OK$ となる。上の等式でしかるべく置き換えれば，$(CO)^2 = (KO)^2 - d^2 = r^2 + d^2 - d^2 = r^2$ が得られる。ゆえに $CO = r$ となる。これで証明終了。

マスケローニの作図法の根拠を完成するためには，前掲したリストの5番目の作図がコンパスだけで可能であることを示す必要がある。つまり，2本の直線 AB と CD の交点をコンパスだけで求められることを示せばよい（図8.13）。この作図のために描かなければならない円弧は相当にあるが，一歩ずつ——おそらく自分でも図を描いてみて——進めば，結果は得られるはずだ。

作図を始めるべく，弧 (C, CB) と (D, DB) が交わる点を E とし，それから弧 (A, AE) と (B, BE) の交点を F とする。次に弧 (E, EB) と (F, FB) を引いて，交点を G とする。この作図を続けると，弧 (B, BE) と (G, GB) が点 H で交わる〔図8.13下方の欄外にできるが表示されていない〕。最後に，弧 (E, EB) と (H, HB) が点 I で交わる。ここで求める点，すなわち直線 AB と CD の交点は，弧 (H, HB) と (I, IG) の交点となる M である。

あとは，この作図が指示どおりに実現することを証明する作業となる。ここでもやはり，図8.14のような何本かの補助線が必要になる。点 M は直線 AB と直線 CD の両方の上にある点であることを示さなければならない。

図8.14では，$EI = EB = BH = HI$ に目を向けよう。いずれも同じ

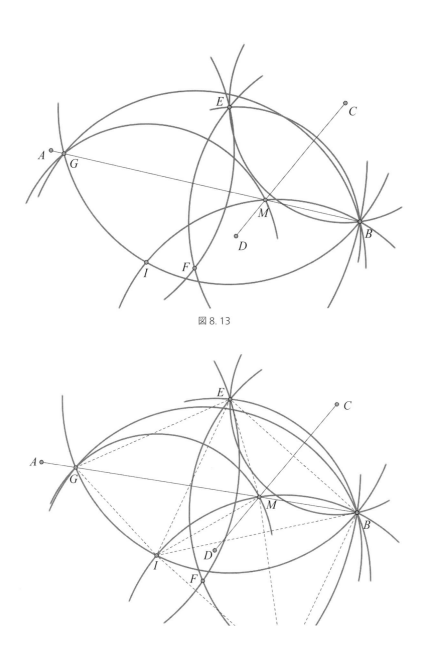

図 8. 13

図 8. 14

大きさの円の半径だからだ。同様にして，$IM = IG$ である。そこで弧
IM と弧 IG は同じと言える。円周角 IBM は弧 IM の中心角の半分であ
る。同様に，

$$\angle IBG = \frac{1}{2} \text{ 弧 } IG$$

となる。ゆえに，$\angle IBM = \angle IBG$ である。これによって，点 M が直線
BG 上にあると確定する。さらに，直線 AB と BG はそれぞれ EF の垂
直二等分線である。やはりこれによって，点 M は AB 上にあることが
確かめられる。あとは M が直線 CD 上にあると示すだけだ。ΔBGH と
ΔBHM が相似であることはわかるので，次のようになる。

$$\frac{BG}{BH} = \frac{BH}{BM}$$

ところが $BH = BE$ なので，次の比例式が得られる。

$$\frac{BG}{BE} = \frac{BE}{BM}$$

すると，ΔGEB と ΔEMB は相似だということになる。両者は $\angle MBE$
が共通で，その角を挟む辺が比例しているからだ。ΔGEB は二等辺三角
形であることも示せるので，ΔEMB も二等辺三角形でなければならな
い。ゆえに $EM = MB$ である。これで直線 CM は線分 EB の垂直二等
分線になる。したがって，点 M は直線 CD 上になければならない。こ
れで点 M は直線 AB と CD の交点であることが明らかにできた。

コンパスなしの作図

　目盛のない定規を使わずに，円だけ，つまりコンパスだけを使った作
図についての解説を終えたところで，よく出くわすこんな問いがある。
「すべての作図を定規だけで，つまりコンパスなしでできるだろうか？」
――この問いに対する完全な答えは，スイスの数学者ヤーコプ・シュタ

イナーが 1833 年に刊行した，『定円とその中心を与えられた場合の定規による作図』に記された。ただ，この本が最初の発表ではなかった。既にジャン=ヴィクトル・ポンスレ（1788〜1867）が 1822 年に確認していたからだ。しかし，シュタイナーの本はこの証明を，初めて，完全かつ系統的に提示したのである。現在では，通常は定規とコンパスを使ってできる作図すべてを定規だけで行なうことはできないとされている。与えられた定円も使う必要があるのだ。ここでも，この命題の正しさをはっきりさせるには，前掲した五つの作図がすべて定規だけでできることを示さなければならない。明らかに，1 番と 5 番はコンパスなしでもできる。定規で直線を引くだけだからだ。2 番の円を描くことはできないが，円周上の点を必要なだけ特定することはできる。これは直線上の点を必要なだけ置くことができた，モールとマスケローニの作図法で直線を考える場合に似ている。残りの三つの作図についての証明は本書で扱える範囲を少々超えるので，証明が載っている参考文献を挙げるまでにとどめる[2]。そもそも本書は円についての本であって，定規の本ではないのだ。

第 9 章

美術と建築

　なにしろ円に関する本なので，その多岐にわたる特質を取り上げるのは当然のことで，意外な側面や，風変わりな姿，ときには複雑な事情を抱えて登場する円についても言及する。円は味わい深い性質を豊富に備えているので，ほとんど抗しがたく人々を魅了するのである。

　初めてコンパスを手にして円を描いたときのことを思い返すだけでも，その形に魅入られた感覚が蘇るかもしれない。素直な美的感覚に訴えてくる円は，シンプルに美しい。閉じた形，同じ曲率で描くカーブ，無限の対称性は，根源的な喜びをもたらしてくれる。

　そうであれば，芸術の営みに円があらゆる形で登場するのは意外なことではない。工業デザインから純粋芸術まで，ほとんどどこにでも円は見られるし，単に見栄えがいいという場合も多い。しかしもちろん，それだけではない場合もある。建物のなかには，外見の美しさのためではなく，実用的な性質のために円が用いられるものもある。たとえば円形のアーチは，その形が本来的に安定さを備えているので，場合によっては 1000 年以上にわたってその建造物の姿を維持していられるのだ。

　ところで，円の描きかたを習った人が最初にコンパスで作ろうとする模様は，図 9.1 にあるような「花」が多いだろう。これはコンパスを一定の幅に開き，円を一つ描き，その円上の一つの点に印をつけ，そこを中心として同じコンパスの幅で第二の円を描き，円との交点を中心にしてさらに円を描いていくことで，元の円のまわりに六つの円ができる。

　こうして円を描き続けると，各中心は紙の上で三角形の格子を成しな

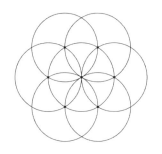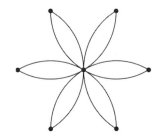

図 9.1

がら，円で 1 枚の紙を覆いつくしていくこともできる。しかし，「花」の段階でとどまれば，円で構成されて美的に快く訴える，一歩目の「芸術作品」を造形できる。図 9.1 の右側の図のように，内側の円の内部にできる部分だけを描くと，花の形はさらに見やすくなる。こうするだけで，シンプルで美しい模様は簡単に描けるのだ。

　ここで二つのことに思い当たる。描く側の立場では，円を使った幾何学的な構図はごく簡単に描けるし，実に心地よい。見る側の視点では，幾何学的なシンプルさのおかげで印象に残りやすい。

グラフィックデザインでの円

　そのため，円は企業のロゴのデザインなど，商業的な美術の世界ではおなじみの要素だ。円を目立つように用いたいくつかのシンボルは文化的に浸透しているので，説明がなくても象徴的な意味が伝わることもある。そのようなシンボルのなかでも有名な例の一つが，図 9.2 にあるオリンピックの五輪だ。

　図 9.3 に示したインド，日本，ブラジルの国旗のように，円を採り入れたデザインも多い。それぞれの旗には，その国にとって重要なものを表わすシンボルとして円が描かれている。インドの場合は「アショーカ・チャクラ」（インドの伝統で重要な象徴的記号）であり，日本の場合は太陽であり，ブラジルの場合は星空を表わしている。

　前述のとおり，企業のロゴにも広く用いられていて，図 9.4 にごく一

図9.2 五つのからみあった輪を使ってオリンピック大会を表わしている。

図9.3 インド，日本，ブラジルの国旗は円をあしらっている。

例を紹介する。文化的背景にも（また所在地にも）よるが，こうした企業が何を目指し，何を表象しようとしているかを読み取れるかもしれない。

美術における円

　円のような視覚的に興味深い対象が，芸術家全般，とくに画家の関心の目を逃れることはありえない。20世紀になって抽象芸術が広まると，ますますそれが顕著になった。

　それ以前は，古典的な芸術作品に円が登場する場合，たいてい聖人や神聖な存在を示す後光として用いられていた。なぜなら円は，その究極の対称性と一様性が，完全と永遠の象徴となっていたからだ。円形の後光は，仏教，ヒンドゥー教，古代ギリシアなど，多くの聖像画で用いられていた（今も用いられている）。とくに注目すべきはやはり，キリスト教

図 9.4　左上から，ターゲット（米国の大手スーパーマーケット），カナダ放送（CBC），グーグル・クローム，アウディ，メルセデス・ベンツのロゴ。いずれも円を基調にしている。

美術における円形の後光の歴史的な展開の様子だ。

　初期の聖像画像では，円は敬われる人物の頭の周囲に描かれた（図 9.5）。のちに，美術表現で透視図法の概念が広まるにつれて，後光は敬われる人物の頭上に，水平に浮かぶ輪として表わされるようになった。つまり，円を浮かんだ楕円形のように描くということだ。この種の後光は，図 9.6 にあるような，犯罪もののテレビドラマシリーズ「セイント（*The Saint*）」〔映画化やリメイクもある。日本でも 1960 年代にテレビドラマが『セイント／天国野郎』と題して放映された〕の図像にまで使われるようになった。

　20 世紀には，西洋美術の様式がどんどん拡張していき，多くの画家が，抽象的な絵画や写実と幻想を兼ね備えた作風に向かっていった。表現の規範が取り払われて自由度が高くなり，純然たる幾何学図形を作品にする画家も登場した。とにかくさまざまな表現が生み出されていったのである。

図 9.5　シモン・ウシャコフ「人の手によらない救世主」——ネルコトヴォルニイ教会の伝統的な正教会の聖像画（1658, Wikimedia Commons, user Butko）

図 9.6 左——ラファエロ「ひわの聖母」（部分，1505〜06 頃）　右——テレビドラマシリーズ「セイント」のロゴ

幾何学が美術に（おそらく最も極端に）取り込まれた着目すべき一例を挙げれば，オプ・アート（「オプティカル・アート＝光学的芸術」の略）である。これは1960年代に流行して広まった様式で，幾何学模様を駆使して錯覚を生み出し，キャンバスの平面に3次元的なゆがみを表現した。このような場面において，円はありふれた道具で，動きの錯覚を生んだり，球のような形の印象を生んだりする用途に使われることが多かった。

　図9.7は，ヴィクトル・ヴァザルリ（1906〜1997）による三つのオプ・アートだ。ヴァザルリはオプ・アート様式を代表する重要人物の一人と言っていいだろう。

図9.7　ヴィクトル・ヴァザルリによる作品。左から，「ヴェガ200」「シル・リス」「ノワール・モーヴ」（Michele Vasarely 提供）

　円はヴァザルリの作品で重要な役割を果たしていることを象徴するかのように，フランスのエクサンプロヴァンスにあるヴァザルリ財団美術館という専用の美術館には，建物の目立つ部分に巨大な円が配されている（図9.8）。

　幾何学的要素を（もちろん円も）多くの作品に用いた20世紀の著名な画家といえば，マウリッツ・コルネリス・エッシャー（1898〜1972）も忘れてはならない。エッシャーは，きわめて洗練された数学的手法を用いたり，常識に反するような数学的概念を取り入れたりした数々の作品を残

図 9.8　ヴァザルリ財団美術館の外観（フランス，エクサンプロヴァンス）

図 9.9　マウリッツ・コルネリス・エッシャー「サークル・リミットⅢ」木版（1959）
（Wikimedia Commons, ©M. C. Escher, user Tomruen）

しており，多くの数学者や数学ファンに愛されている画家である。図
9.9 は代表作の一つだ。
　この有名なグラフィックアートでは，抽象化された魚を，双曲平面
——平面を円内の領域に押し込めて，直線が規則に従って歪み，曲線（実
際には円弧）になるようにしたもの——での平面充塡にして並べている。
双曲平面は複雑な概念なのでここでは詳細を述べないが，円の端に並ぶ
小さな魚は，通常の平面にいれば見る者からはるか彼方にいる魚を表わ
していることには注目しておこう。すると外周の円は（ある意味で）無限

遠に対応し，この宇宙では，外周の円の外には何も存在しないことにな
る。

　円を用いた芸術作品を試みた画家はかなり多いだろうから，そのよう
な作品の代表的なものだけに限っても，とても取り上げきれない。図
9.10 を見れば，美術における円がどれほど広範囲に及ぶ考察対象なのか
が伝わるかもしれない。

図 9.10　ワシリー・カンディンスキー「同心円のある正方形の色彩の習作」

　図 9.10 のワシリー・カンディンスキー（1866〜1944）による作品では，
円が幾何学的特性をまったく失うほど乱暴に描かれ，同心円的に色を塗
られた輪という視覚効果だけが残る装飾として用いられている。

　もう一人，作品にまったく別の形で円を多用する特筆しておくべき画
家は，ロイ・リキテンスタイン（1923〜1997）だ。多くのドット（網点）が
印刷物の構成要素であることを効果的に表現したスタイルが特徴的で，
コミック本のひとコマを拡大してモチーフに使った一連の作品でもっと
もよく知られる。リキテンスタインはその作品で，このドットを目に見
える円に拡大して対象の画素化を図ったが，現代のコンピュータ時代に

生きる人々には，当時の印象とは違うものが連想されるようになった。
リキテンスタインの円はもちろん，対象そのものとして用いられている
のではなく，作品に描かれた人や物の表面を成している粒子にすぎな
い。そのような例は，自然が生み出す芸術的造形にも見られる。

風景のなかの円

　飛行機の座席から大地の景色を見下ろしていると，ふと円形を見つけ
ることがある。図9.11に示すような，オレゴン州クレーターレイク国
立公園の火口湖やアリゾナ州のバリンジャー隕石孔などは自然の産物だ
が，そういうことはまれで，景観に見える円はたいてい人為的なものだ。

図9.11　左——オレゴン州クレーターレイクの火口湖（Wikimedia Commons, photo by user Zainubrazvi. Licensed under CCBY 2.5）　右——アリゾナ州の隕石クレーター（Wikimedia Commons, photo by NASA Earth Observatory, user Originalwana）

　場合によっては，ただただ純粋に美しいというだけの理由で円になっ
ている場合もある。たとえば図9.12にあるような，人工的な円形の池
だ。
　もちろん，実用的な理由から地面に円ができる場合もある。一例は，
図9.13にあるような，センターピボット灌漑と呼ばれる方法が生み出
した，灌漑用のアームが中央の水源を中心に回転することで円形になっ
た畑だ（右図のミステリーサークルと混同しないこと）。
　ミステリーサークルはもう流行らなくなったようだが，辺鄙(へんぴ)な農地に
エイリアンが着陸したと思わせるために人がこしらえたいたずらだっ

図 9.12　円形の人工的な池（Photo by one2c900d. Licensed under CCBY-ND 2.0）

図 9.13　左——ワシントン州コロンビア川沿いの灌漑による円形の畑（Wikimedia Commons, photo by Sam Beebe, user Flikr upload bot. Licensed under CCBY 2.0）　右——イギリス，ウィルトシャー州ミルクヒルのミステリーサークル（撮影 Handy Marks）

た。宇宙船の着陸でなぜそんなに念の入った模様ができると考えたのか
は不明だが，多くの人がそれを「本物」だとしばらく信じていた。いく
つかの観点からも，ミステリーサークルはアート作品と考えたほうがふ

さわしい。

　地面に円ができる実用的な理由に戻ると，道路のロータリーを挙げることもできる。図9.14には，バルセロナとブダペストのものを掲載した。フェルミ国立加速器研究所の粒子加速器という巨大な円形もある。

図9.14　左——バルセロナ（スペイン）のロータリー　右——ブダペスト（ハンガリー）のロータリー

　あれやこれやで，人が円形のものを作る理由は多く，その形は上空から見て初めて本当にわかることもある。

建築における円

　建築デザインの要素として円が使われる理由も多い。建造物に円を用いるにあたっては，美的感覚というわかりやすい理由以外に，もっともな構造的な動機もある。

　歴史的には，建築関連の文脈で円形が姿を見せるにあたっておそらく最も重要なのは，玄関や窓，橋を安定させるべく用いた，円形のアーチだった。この形は構造物を安定させるため，図9.15に示した古代のローマ水道のように，建てられてから何世紀，あるいは1000年以上ももちこたえられる建物もあるほどだ。

　そのような円形のアーチは，斜めに切った煉瓦を仮の支え（簡単に成形できる木材などを用いる）に沿って半円形に並べることによって作られる。アーチが完成すれば支えを外していい。それぞれの煉瓦はアーチの曲線の内側に向かってうまい具合に重力がかかりあって相殺されるので，崩

図 9.15　古代のローマ水道

　れることはない。この方法は，図 9.16 左図にあるように，近代になって
からの建築物でもまだ使われている。右図も，この典型的な実例だ。
　教会や聖堂では，図 9.17 のような円形の窓枠がよく用いられるが，こ
の理由も構造的な都合による。かつて，当時に手に入る材料では大きな
窓など作れなかった。巨大な建物に望ましい量の光を入れるには，煉瓦
造りの建物の場合，窓を円形にすることが最良の選択肢だったのだ。構
造物に力が均等にかかるので壁は安定するし，それでいて煉瓦細工に穴
を開け，そこに透明なガラスや色つきガラスをはめて光を通すことがで
きる。
　現代の建築物では，技術の進歩のおかげで，かつてほど構造的制約が
なくなり，円はどこにでも用いられるようになっている。いくつか好例
を挙げておくと，図 9.18 のサンディエゴ・コンベンションセンターや，
図 9.19 の広州にある見事な円筒形を用いた建物がある。

図 9.16　左──アーチ形の玄関口　右──アーチを連ねた玄関までの通路

図 9.17　円形の窓枠

図 9. 18　サンディエゴ・コンベンションセンター（Photo by Kai Schreiber. Licensed under CCBY 2.0）

　現代の材料と建設法からすれば，かかる制約は建築家の想像力だけかもしれない。円という形を用いたもっとたくさんの建造物が，これからもどんどん登場してくることだろう。

図 9. 19　広州（中国）に建つビル

第 ⑩ 章

転がる円——内サイクロイド，外サイクロイド

クリスチャン・シュプライツァー

　2次元の閉曲線のなかで，円は多くの点から鑑みて特殊である。たとえば，円を中心のまわりにどれだけの角度で回転させても，元とまったく同じに見える。数学者はこの性質を回転対称と呼ぶ。ある数学的対象が何らかの操作を加えられても変化しない場合，それは何らかの対称性を有すると言われる。円は回転させても変化しない——その性質は，円の最たる応用例の「輪」にとっては欠かせない。円形の車輪は，当然ながらほかの形よりもずっと効率良く転がる形である。しかし，輪として物理的に現われたもの以外にも，円は少々わかりにくいが興味をそそられる幾何学的な特色も見せるので，本章ではそれを紹介しようと思う。回転する円上の点が通る道筋をたどると，また魅力的な曲線群が得られる。そのいくつかにはユニークでチャーミングな歴史がある。中世の聖堂に見出せるものもあれば，コーヒーカップで出会うものもある。

　外見は千差万別だが，すべて円という一つの共通の出自がある。

　しかし本章の有名無名の曲線集に足を踏み入れる前に，まずは輪の発明について述べ，さらに「アリストテレスの輪のパラドックス」を取り上げておきたい。これは，その後の各節に述べることの立脚点となる。

輪の発明

　円や，それが物理的に再現された輪（ホイール）は，古代人の技術的進歩には不可欠の構成要素だった。輪のついた車両を発明することによって，重い物体を引きずるよりもはるかに効率良く動かせるようになった。とはい

え，輪の発明が重要だったのは輸送面への用途だけではない。軸に軸受けとともに取り付けられる輪は，力の大きさや方向を変えるためにも使うことができた。実は，ギリシア時代の数学者にして技術者，アレクサンドリアのヘロンは，「輪と軸」を，もっと複雑な装置すべての構成要素となる部品と考えられる，いわゆる単一機械（シンプルマシン）と認定した。これは要するに，軸に輪を取り付けて，両者が一緒に回れるようにしたものだ。一方に力をかければ，もう一方も動く。この原理によって天然資源から得たエネルギーを，そのまま回転する輪の運動エネルギーに変換することができた。輪と軸の典型的な用途は風車や水車で，古代の「発電所（パワーステーション）」とでも言うべきものだった。円は輪の基礎であり，現代のほとんどの機械には必須の構成要素となっている。

　考古学の成果からは，輪が考案されたのは人類の歴史では比較的遅かったのがわかっており，農業が発明されてから何千年かあとのことだった。さらに，最初に輪を用いたのは土器作り〔ろくろ〕の人々で，重いものを輸送する目的で使われたのはその数百年もあとになってからだった。とはいえ，ろくろも古代社会にとっては劣らず重要だ。土器づくりは一大産業で，古代の標準的容器である陶器の壺は，あらゆる種類の製品を保存・輸送するのに広く使われた。車輪の発明は，ほかの技術的前進とあいまって，初期青銅器時代を生んだ（紀元前3300頃～2200頃にかけて）。今のところ確実に最古とされる実物の車輪と車軸の組合せは，2002年にスロベニア（中欧）で発見された紀元前3200年頃のものだ。しかし，メソポタミアや北部コーカサスでの発掘でも，同じ頃の車輪の証拠が明らかになった。つまり，どの文化が最初に輸送用に車輪を使ったのかはまだわかっていないのである。おもしろいことに，マヤ文明は暦や玩具には輪を使ったのに，運送用に作られたことを示すものはまだ見つかっていない。合理的な説明は，牽引用に適した家畜がいなかったということかもしれない。コロンブス渡来以前のアメリカ大陸では，ろくろも使われていなかった。マヤ人は，丸い容器を作るときには粘土を長いらせん状にして，それを均して成型していた。

　車輪の登場が比較的遅かったのはなぜか。荷車用の車輪とするには，

車軸を軸受けで本体に固定しなければならず，それが技術的に難しかったからだ。車軸の端は車輪の中央にぴったり収まっている必要があり，しかも自由に回転する余地もなければならない。したがって，軸と軸受は完全に近いほど丸く，その表面はできるだけなめらかでなければならなかった。代替案として，軸を車輪に固定し，車体に取りつけたベアリングで回転させてもよいが，それでも回転しない車体と回転する車輪の接続部分の位置が異なるだけで，やはり職人芸と精度が必要になる。こうした要請をすべて満たすのは容易な仕事ではなかった。実際に動く軸を作ることの難しさを実感すれば，車輪の発明が遅かったことが納得できるだろうし，最初から輸送用に考案されたのではないというのも意外とは思わなくなるはずだ。

アリストテレスの輪のパラドックス

　アリストテレスの輪のパラドックスは，古代ギリシアの文献『機械学』（ギリシア語で $M\eta\chi\alpha\nu\iota\kappa\acute{\alpha}$）で取り上げられている。誰が考えたかについては，当のアリストテレス（紀元前384〜322）か，その弟子の一人なのかで議論がある。その真相はともかく，古代の数学者を悩ませた有名な輪のパラドックスは慣習的にアリストテレスによるものとされていて，今日でもその名がついているが，それはどんなパラドックスだろうか。小さな輪を大きな輪に，同心円を成すようにくっつけたとする。ぴったりくっついているので，大きな輪の回転につれて小さいほうも回る。

　大きな輪を棒の上で回転させ，1回転させるとしよう。すると輪は円周に等しい距離を進み，円の下端は図10.1に破線で示した線分 AB をたどる。

　そのあいだ，小さな輪は大きな輪に固定されているので，こちらもまる1周して同じ距離を進まざるをえない。すると，小さな輪の下端は図の点線による線分 $A'B'$ をたどり，その長さは線分 AB と等しくならなければならない。しかし，そんなことがどうしてありえるだろう。小さな車輪の円周は大きな円の円周よりも短いことはわかっているのに，それが同じ回転をして同じ距離を転がることがなぜありうるのか。実は，

図 10.1　アリストテレスの輪のパラドックス

それはありえないのである。であれば，どちらの円も同じ距離を転がる
というところが間違っているにちがいない。しかしこの間違いを明らかに
にする前に，この結論を支持しているように見えるおもしろい数学的論
証を見てもらおう。大きいほうの円周上の点と小さいほうの円周上の点
とのあいだには一対一対応がある。円の中心から延びる半直線は，両方
と交わるので，両円周上の点のあいだには，紛れもない（一対一の）関係
がある。つまり，大きいほうの円周上の各点 P について，小さいほうの
円周上に対応する P' が一つだけ存在するのだ（図 10.2）。

　どちらの円も同じ数の点でできていて，したがって同じ円周になると
言えそうな気もするが，もちろんそんなことはない――一本のひもを使
えば，二つの円周が異なることを証明できるのである。

　どこで間違ったのだろう。第一の間違いは，どちらの円も同じ距離を
文字どおり転がるという物理学的な前提にある。両車輪の下に棒を置い

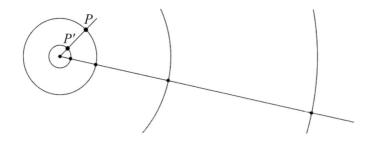

図 10.2

て実験すると，大きい車輪が棒の上を転がるときに，小さい車輪は棒の上をすべることがわかる。両車輪がある面で接していても，すべらずに転がれるのは一方だけで，もう一方は回転するあいだに必然的にすべる。この間違いは数学的なものというより力学的なものだ。しかし，基本的に円の円周は同じになるはずだということを示す，先のごもっともな数学的論証も思い出そう。この論証の種明かしをすれば，長いあいだ数学者を悩ませた実数の奇妙な性質（円周上の各点は実数で識別でき，円周上の点の正確な位置が決まる）も明らかになり，さらに得るところが大きい。ではこの推理のどこに欠陥があるのか。二つの曲線間の一対一の対応は，その曲線の長さが同じであることを意味しない。実は，どんな二つの曲線であってもその上の点のあいだには必ず一対一の対応がつけられる。曲線の長さは関係なく，たとえば一方は無限の長さで他方は想像できるかぎりの短さだったとしても，そこに含まれる点の「数」は必ず同じになる。この特筆すべき事実を証明したのはドイツの数学者ゲオルク・カントール（1845〜1918）で，カントールはこの「数」を連続体と呼んだ。連続体は超限数，つまりすべての有限の数よりも大きい（「超限」という言葉を作ったのもゲオルク・カントールだった）。無限の概念は，すべての自然数の集合にある要素の個数が，偶数の集合にある要素の数と等しいと言う点でも直感に反する。それでも偶数の集合には，すべての自然数いずれについても，それに対応する要素があることを示せるのだ。偶数の集合には奇数がないことを考えれば，これには混乱する。

幾何学者の女神――サイクロイド

　では，アリストテレスのパラドックスにある輪の組合せを考え，大きな輪が転がるときの，その縁にある定点をたどってみる。この点は空間内で一つの曲線を描く――それがどのように見えるかを明らかにしてみよう。車輪のスポークのタイヤに近い位置に反射板をつけた自転車を想像してもよい。目の前を自転車が左から右へ通過するあいだ，進行方向に対して横から懐中電灯の光を反射板に当てて観察する。信じようと信じまいと，反射板が描く軌跡は，図10.3に示したような曲線になる。点

が車輪の縁にあれば，この曲線はギリシア語で「円」を意味する *κύκλος* （キュクロス）に由来する，「サイクロイド」という名で呼ばれる。サイクロイドは，円が直線上をすべることなく転がるときに，その円周上にある点がたどる曲線と定義される。点が転がる輪を表わす円の内側にある場合，その曲線を「短縮サイクロイド」と呼ぶ。

　点が転がる円の外側にあるとき，曲線は「延長サイクロイド」と呼ばれる。図 10.4 は，転がる車輪のスポークに固定されたいくつかの点がたどる曲線を示している。以上の曲線のいずれにも当てはまる総称は「トロコイド」で，ギリシア語で「車輪」を表わす *τροχός*（トロコス）に由来する。

　サイクロイドは，ガリレオ・ガリレイ（1564～1642）やアイザック・ニュートン（1642～1726）などの大数学者も研究した，きわめて有名な曲線で，「幾何学者のヘレネー」と呼ばれることもある。その呼び名は，ギリシア神話に登場する女性「ヘレネー」に由来する。ヘレネーはゼウスとレダ

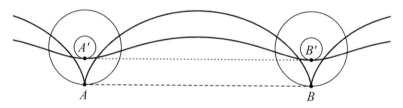

図 10.3　A と B を結ぶ実線の曲線がサイクロイド。A' と B' のあいだの曲線は短縮サイクロイドで，これはトロコイドの特殊な場合である（228 ページから説明する「スピログラフ」についての節を参照）。

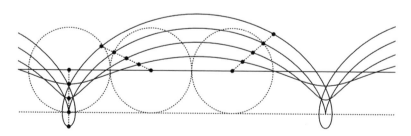

図 10.4　円が直線上を転がるときに転がる円に固定された点がたどる曲線。

のあいだに生まれた美しい娘で，その夫メナラーオスの許からトロイア
の王子パリスがさらったために，トロイア戦争が勃発したほどだった。
サイクロイドには美的な悦びとも言うべきいくつもの数学的特性がある
ため，幾何学のなかで最も美しい曲線の一つとされている。そのうちの
いくつかについては本節でのちに解説しよう。また17世紀には，サイ
クロイドは一流数学者たちのあいだでの論争の火種にもなった。

　サイクロイドをめぐる特筆すべき事実は，円がまる1周してできるサ
イクロイド形アーチの下にできる面積は，転がる円の面積のちょうど3
倍になるということだ。ガリレオは実証的なアプローチを用いて，この
面積がおおよそ3：1になると見ていたが，その比率は無理数になると思
っていた。しかし，ガリレオには数学的にその比を求めることはできな
かった。1634年，フランスの数学者ジル・ペルソンヌ・ド・ロベルヴァ
ル（1602～1675）は，ある曲線を別の曲線に対応させる数学的方法を発見
し，これによってロベルヴァルは一定の曲線とそれぞれの漸近線[1]との
あいだの面積を求める公式を得た。サイクロイド形の弧の下にできる面
積と，それを生み出す円の面積の比がたしかに3：1であることを初めて
証明したのは，おそらくロベルヴァルだったはずだ。しかしその成果が
発表されたのは，1693年になってからであった。

　やはり著名なフランスの数学者マラン・メルセンヌ（1588～1648）は，ロ
ベルヴァルの新しい方法について，その発見からまもない頃にガリレオ
に話していた。ガリレオはそれを弟子のエヴァンジリスタ・トリチェリ
（1608～1647）に伝えた。するとトリチェリもその面積を計算することが
できて，ガリレオの概算が実は厳密解であったことを明らかにする。ト
リチェリはその結果を1644年に発表した。おそらくこれがサイクロイ

図10.5　サイクロイド形の弧の下にできる面積は，そのサイクロイドを作る円の面積のちょ
うど3倍になる。

ドに関して活字になった最初の記述である。ロベルヴァルはそのことを知り、トリチェリの剽窃（ひょうせつ）を非難したのだが、この争いを解決中の1647年にトリチェリは早世してしまう。そしてトリチェリの死から約10年後、今度はサイクロイドがある人物の歯痛を治し、その人物の運命を変えることになる。

　天賦の才にも創造性にも恵まれたブレーズ・パスカル（1623〜1662）は、当時のフランスで頭角を現わした数学者にして哲学者の一人だった。パスカルが16歳のときに書いた射影幾何学に関する重要な論考が、高名な数学者ルネ・デカルト（1596〜1650）とマラン・メルセンヌの目に留まる。その数年後、パスカルとピエール・ド・フェルマー（1601〜1665）の文通は、確率論と呼ばれている研究領域を生み出した。パスカルの業績は近代経済学や社会科学の発展にも大きな影響を及ぼしている。1654年、強烈な宗教的恍惚を体験したパスカルは、数学をやめて神学に転向し、その後の人生を神に捧げようしていた。しかしそんな神学研究時代の1658年、激しい歯痛で床に伏せていたパスカルは、必死に痛みを和らげるべく、サイクロイド曲線に関する未解決問題を考えていた。そしてそれが効を奏する。2日後、パスカルはこの問題群のいくつかを解くと同時に、歯痛からも解放されていた。パスカルはこのことを、自分が再び数学研究に戻るべきだという天啓と解釈し、最終的にこの成果を「サイクロイドの求積問題」という文章にまとめた。

　パスカルの著作に刺激されたオランダの数学者クリスティアーン・ホイヘンス（1629〜1695）は、上下が逆のサイクロイドが等時曲線（トートクローン）問題（ギリシア語で「等しい」を意味する $\tau\alpha\upsilon\tau\acute{o}$ ［タウト］と「時間」を意味する $\chi\rho\acute{o}\nu o\varsigma$ ［クロノス］による）の答えであることに気づいた。

　等時曲線（図10.6）は、その曲線上のどの点から粒子をすべらせても、最下点に達するまでの時間が、出発点にかかわらず同じになるという曲線である。ホイヘンスは振り子時計を考案していて、サイクロイドの等時曲線としての性質を利用してその正確さを向上させようとした。

　サイクロイドは世界の一流数学者の関心を集め、さらに意外な性質を明らかにした。1696年、スイスの数学者ヨハン・ベルヌーイ（1667〜

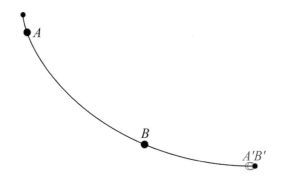

図 10.6 サイクロイドの等時性。出発点 A と B がどこにあろうと，どちらの粒子も底に達するのはまったく同時になる。丸印 A' と B' は曲線の底に達する直前の二つの粒子を表わす。

1748）はある問題を解き，ヨーロッパの数学者たちに対して出題した。これは「最速降下線（ブラキストクローン）問題」と呼ばれる（ギリシア語の $\beta\rho\acute{\alpha}\chi\iota\sigma\tau\sigma\varsigma$ と $\chi\rho\acute{o}\nu\sigma\varsigma$，つまり「最短」を意味する「ブラキストス」と「時間」のクロノスによる）。鉛直平面に 2 点 A, B が与えられていて，A は B より高い位置にある場合，A から B へ最も早く降下する経路はどうなるか（図 10.7）。理想的な点のような物体があるとしよう。最初点 A に静止していて，それからそれ自身の重みで曲線上を B まで滑降する（摩擦はない）。A と B をつなぐどの曲線について，物体が終点 B に達する時間が最短になるか。

　その問題に 5 人の数学者が答えを出した。アイザック・ニュートン，ゴットフリート・ヴィルヘルム・ライプニッツ（1646〜1716），ギヨーム・ド・ロピタル（1661〜1704），ヨハンの兄，ヤーコプ・ベルヌーイ（1654〜1705），エーレンフリート・ヴァルター・フォン・チルンハウス（1651〜1708）だ。最速降下線問題に対する答えは，ホイヘンスの等時曲線と同じ曲線，つまり上下が逆のサイクロイドだった。鉛直面での 2 点間の最速のつなぎかたである上下が逆のサイクロイドは，滑り台の最適な形状とも考えられる。最速降下線問題に刺激され，弟に勝とうとしたヤーコプ・ベルヌーイは，この問題をもっと難解にしたものを考案し，それを解くための新しい数学の方法を考えた。この方法はのちに，第 2 章で紹

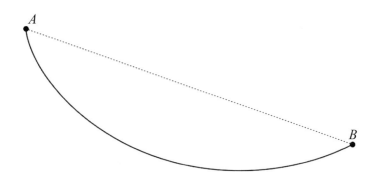

図 10.7　サイクロイドの最速降下線としての性質。サイクロイドはそれ自身の重みで A から B へ滑降する物体の最速の経路である。

介した数学者レオンハルト・オイラーによって仕上げられ，変分法という数学の重要な分野を生んだ。

　サイクロイドの歴史が数学史とつながり，一流の数学者たちが何人もこの転がる円の縁にある点が描く曲線の性質について調べ，発表してきたことは興味深い。

花はこんな方法でも描ける――外サイクロイド

　サイクロイドは，直線上を転がる円の縁にある 1 点によって描かれる。今度は円を直線上に転がるのではなく，別の円周上を転がしてみよう。

《硬貨のパラドクス》

　ある硬貨が，別の硬貨の縁に沿って転がることとする。まずは同じ大きさの，たとえば 2 枚の 10 セント硬貨を用意しよう。一方の硬貨を台として固定し，その硬貨に沿って，もう一方を回転させる。硬貨は最初，どちらも図 10.8 に示したような向きにあるものとし，右側の固定した硬貨に沿って，左側を時計回りに，正反対の側へ行くまで，つまり固定した硬貨の右側に達するまで転がす。回転する硬貨に描かれている松明(たいまつ)は上を向いているだろうか。

図 10.8　2枚の 10 セント硬貨。一方は固定し，他方はその周囲を転がる。

　半周しかしていないので，松明は上下逆になっているにちがいないと思われるかもしれない。ところがそれは間違っていて，どちらの硬貨も松明は上を向いた，図 10.8 にあるような結果になる。自分でも実際にやって，この現象を体感してみよう。ついでながら，このささやかなパズルは飲み屋での戯れの賭けにぴったりだ。さて，この結果をどう説明するかと思っているかもしれない。当然，動くほうの硬貨は，もう一つの硬貨に沿って半周するあいだに 1 回転していなければならない。当初予想したような半回転ではないということを理解するには，回転する硬貨の動きを二つの部分に分解するとわかりやすくなる。まず，この硬貨が，別の硬貨の縁に沿うのではなく，直線上を転がることとする。すると，円周の半分に相当する距離を転がったあとは（先の実験の場合と同じ），この硬貨はたしかに半回転だけしていて，松明は上下逆になっている（図 10.9）。

　これをどうやって二つの硬貨による状況に移し替えることができるだろうか。図 10.9 の写真を撮り，破線を曲げて，固定した硬貨の縁で定め

図 10.9　直線上を半回転する硬貨

られる円に見えるようにするだけでよい。しかしそうすると，回転する硬貨はもう1回上下逆転することになり，松明ももう一度ひっくりかえる。こうして回転する硬貨はたしかにまるまる1回転する。しかしこの作用の半分は，この硬貨が転がる経路が円であることによる。

　別の円のまわりをすべらずに転がる円の1点をたどることでできる曲線を「外サイクロイド」と呼ぶ。二つの10セント硬貨を使ったこの実験の場合のように，どちらの円も同じ直径なら，外サイクロイドの特殊な場合，「カージオイド」を得ることになる。ギリシア語で心臓を表わす言葉に由来するのは，そのような形に見えるからだ（図10.10左）。外側の円の直径が内側の円の半分なら，曲線は「ネフロイド」と呼ばれる（図10.10右）。要するに腎臓形の意だ。

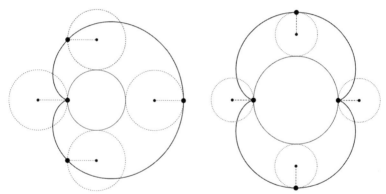

図10.10　カージオイド（左）は，ある円が，同じ直径の別の円の周囲を転がるとき，転がる円の円周上にある点をたどることで生じる。転がる円の直径が固定した円のちょうど半分なら，できる曲線はネフロイドと呼ばれる（右）。

《火線つきコーヒー》

　光線が曲がった面や物体で反射されると，反射光線が「火線（コースティック）」と呼ばれる曲線に集まることがある[2]。火線は集中した光による曲線と見ることができ，多くの場合では尖点（せんてん）を持つ。コーヒーカップの内側で反射された光が，中央で尖点のあるハート形の曲線周辺に集まるのを見たことがあるだろうか（図10.11）。光が面に当たると，入射角と同じ角度で跳

ね返る。光源がカップに近すぎなければ，カップの内側に当たる光線は
近似的に互いに平行であると想定できる。カップはほぼ円錐台形で（円
錐の先を切り取った形で，底面の直径が上面の直径より小さい），この円錐の角度
に等しい角度で（つまり平行に）入射するなら，反射した光線の包絡（ある
いは集合）はカージオイドになる。

図 10.11　円錐の先を切り取った（錐台）形のコーヒーカップに当たるとカージオイドが見
える（左）。カップが円筒形なら，反射光線の包絡はネフロイド（の半分）になる（中央）。光
源が二つあれば，完全なネフロイドができる（右）。

　今度お茶かコーヒーを飲むときには，カップを照明の下に置き，カッ
プの内側で反射する光を見るとよい。カージオイドか，少なくともそれ
によく似た曲線が見えるはずだ。カップが円錐形ではなく円筒形なら，
ネフロイド（の半分）に見えることが多いだろう。ネフロイドは，1ドル
銀貨の周囲に1セント硬貨を転がしたとき，1セント硬貨の縁にある点
でも描かれる。これは1ドル銀貨の直径が1セント硬貨のちょうど倍あ
るからだ（38.1 mm と 19.05 mm）。もちろん，硬貨の組合せはほかにもたく
さんある。一方の硬貨に別の硬貨の周囲をすべらずに転がるようにすれ
ば，できる外サイクロイドの形状は，2枚の硬貨の半径の比と，固定され
た硬貨のほうが大きいか小さいか（のみ）によって決まる。
　図 10.12 には，二つの円の半径が整数比となる例のうち，1：1から
8：1までの8例を示した。ここでは内側の固定円のほうが大きい。他
方，転がる円のほうが固定円よりも大きければ，生じる外サイクロイド
の形は違ってくる。半径の比が整数比となる例のうち，1：8から1：1
までの8例を図 10.13 に示した。図 10.12 の最初の図は両方の円の半径

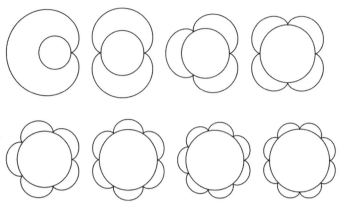

図10.12　元になる円の半径の比が整数になる場合の外サイクロイド。固定された円のほうが大きい。左上から右へ 1：1，1：2…とする。

が等しく，図10.13の右下の例に相当する。両円の半径の比が有理数であれば，外サイクロイドは必ず閉曲線になる。つまり，曲線を描く点が，転がる円の有限回の回転のあと，出発点に戻ってくるということだ。曲線が閉じるのに必要な回転数が多いほど，尖点も多くなる。正確に言うと，p と q が自然数で，$\dfrac{p}{q} \geq 1$ が最も簡単な比（つまり p と q の最大公約数が1）であるなら，外サイクロイドの尖点の個数は p となる。たとえば，

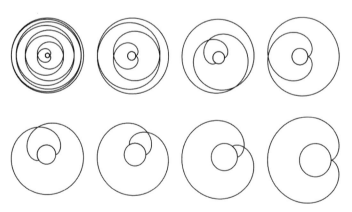

図10.13　半径比が整数比となる場合の外サイクロイド。固定円のほうが小さい。左上から右へ 1：8，1：7…とする。

5セント硬貨（直径21.21 mm）を，25セント硬貨（直径24.26 mm）の周に沿って転がすと，得られる外サイクロイドは2426個の尖点を持つ。半径比は2426/2121で，この分数はこれ以上簡単にはならないからだ。

図10.14は，固定円の半径をR，転がる円の半径をrとして，半径比$\frac{R}{r}$が異なる三つの場合の外サイクロイドを示している。

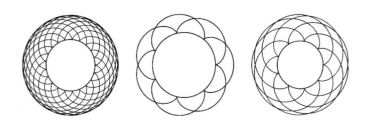

図10.14　比$\frac{R}{r}$が21：10，7：2，9：5の場合の外サイクロイド。

半径比が，たとえばπやオイラー数eのような無理数だと，外サイクロイドは決して閉じることはない。転がる円がもう一つの円のまわりを回転しながら，曲線は半径Rの固定円と半径$R+2r$の円のあいだにある空間を埋めていく。もちろん，この外サイクロイドはこの輪にあるすべての点にいくらでも近づき，その輪のいわゆる「稠密部分集合」を成すことになる。

外サイクロイドの実用的な応用例の一つが，棒の上下運動を歯車の回転運動に変換する遊星歯車装置だ。この仕組は，イギリスの技術者ジェームズ・ワット（1736〜1819）によって設計された蒸気機関で用いられた。図10.15は「オールド・ベス」という名の蒸気機関で，それまでの上下運動ではなく初めて回転運動を生みだした歴史的な装置である。

遊星歯車装置は，蒸気機関で駆動される梁（ビーム）の直線的な運動を，接続棒（ビームにつながっている）の端に留められる歯車である「遊星」を用いて円運動に変える。ビームの〔上下〕運動によって，「遊星」は「太陽」を言わば公転する。この回転によって太陽，すなわち車軸に留められた第二の回転する歯車が回転し，車輪の回転運動を生み出している。

図 10. 15　最初期の蒸気機関の一つ，オールド・ベスの遊星式歯車装置。遊星歯車がエンジンの梁（ビーム）につながった棒に固定されている。それがもう一つの歯車（太陽）の周りを回転させる（画像は *The Conquest of Nature* by Henry Smith Williams and Edward Huntington Williams［New York: Goodhue, 1911］, p 138 より）。

遊星のほうは棒に固定されており，自転はしない。

フラフープから円花窓まで——内サイクロイド

　ここまでは，円が直線上を転がるサイクロイド，あるいは固定円の外周を転がる外サイクロイドについての話だった。しかし小さい円が，大きい固定円の内側を転がるというケースも想定できて，この曲線を「内サイクロイド」と呼ぶ。内サイクロイドは，ゴシック建築物の円花窓（えんかまど）の

飾りや，アメリカ鉄鋼協会のスティールマークのロゴにも見られる。アメリカンフットボールの NFL チーム，ピッツバーグ・スティーラーズのロゴは，このスティールマークに基づいて制定された。内サイクロイドの一つの作図法は，小さなフラフープを大きなフラフープの内側で転がすことだ。

《砂に描いた円》

フラフープが人気を博したのは 1950 年代，ある玩具メーカーがプラスチック製の輪っかを考案して売り出したことによる。しかしもともとのフープは，柳の枝や固い草を乾燥させたものでできていた。何千年も前から，世界中の子どもたちがそのような輪っかで遊んでいて，大人たちも，体操やダンスや儀式，語りの場などで使っていたという。アメリカ先住民のフープダンスは公認された文化遺産で，年に一度の競技大会もあり，最大の大会はアリゾナ州フェニックスのハード美術館で開催される。

フラフープにはさまざまなサイズがあるので，子供用のフラフープが大人用のフラフープの内側を転がるとしよう。ここではフープの直径比を 3：2 としておく。小さいフープの 1 点に印をつけ，それを大きいフープの内側ですべらないように転がすと，その点はどんな曲線を描くだろうか。大小二つのフープがあったら，砂地ででも，次のような実験ができるだろう。大きいフープを砂浜に置き，フープの内側の砂地を平らに均す。小さいフープに印をつけるには，尖ったところがあるプラスチックか金属のかけらを粘着テープでどこか 1 点に固定する〔砂に線を描けるように〕。これで現実の内サイクロイドを作図する準備ができた。小さいフープを大きいフープの内側で，その周に沿って，すべらないように気をつけて転がす。これを正確に実行すると，小さいフープの 1 点につけた印の軌跡は，図 10.16 の左側に実線で示した曲線になる。

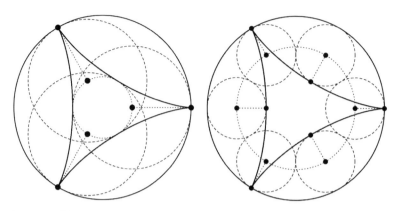

図 10.16　直径比がそれぞれ 3：2，3：1 のときにできる内サイクロイド。得られる曲線は，どちらの場合もデルトイドと呼ばれる。

　外サイクロイドと同じく，内サイクロイドの尖点の個数は既約分数（つまり p と q の最大公約数が 1）$\dfrac{p}{q} > 1$ の分子に等しい。尖点が三つの内サイクロイドは「デルトイド」（デルタ形，三芒形），尖点が四つの場合は「アステロイド」（星形，星芒形）と呼ばれる。図 10.17 は，半径の比が 2：1 から始まって連続する整数比の最初の八つを示している。外サイクロイドの場合と違い，どちらの円も同じ直径なら，内側の円は外側の円のなかを転がることができないので，比が 1：1 の内サイクロイドはない。2：1 の場合は少々驚きの結果になる。得られるのは直線（線分）だからだ。そんな結果になるとは思わなかったであろう。一見，これは直感に反するように思える。

　それでも，転がる円が固定された円のちょうど半分の大きさの場合，きわめて特殊な状況に遭遇する。まず，各整数比 k：1 について，尖点の個数が k にならざるをえないことはすぐにわかる。これは，内側の円が大きい円を k 周しないと元の位置に戻らないからだ。したがって，転がる円の縁にある固定点が外側の円に接するのは，ちょうど k 回でなければならない。さらに，尖点が k 個の内サイクロイドは，角度 $\dfrac{360°}{k}$ の回転の下で対称になる。すると，直径間の比が 2：1 なら，曲線は円と 2 回交差しなければならず，また図は 180° 回転しても同じに見えなけれ

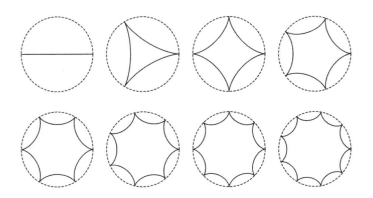

図 10.17　左から，半径の比 2：1 から 9：1 の整数比の内サイクロイド。

ばならない。これはつまり，得られるのは直線ということだ。それについて考えてみよう。実際，大きい円の直径を，転がる円の縁にある任意の点を通るように描くことができるし，内側の円が転がるときに点がたどるのもまさしくこの直径となる。

　円の半径の比が，p と q を自然数として，$\dfrac{p}{q} > 1$ となる任意の分数なら，小さい円が大きい円の内側で転がってできる内サイクロイドには p 個の尖点ができるが，$\dfrac{p}{q}$ の値は，固定円の中心から曲線までの距離を決める。内サイクロイドにおいては，半径 R の外側の固定円と半径 r の内側を転がる円とのあいだに，以下のような関係がある。

$$|R-2r| = R\left|1-2\frac{q}{p}\right|$$

したがって，絶対値

$$\left|1-2\frac{q}{p}\right|$$

が小さいほど，つまり，比 $\dfrac{p}{q}$ が 2 に近いほど，曲線は固定円の中心に近づく。図 10.18 は，半径の比が整数ではない場合の内サイクロイドの 3 例を示す。

図 10.18　左から，半径の比が 15：9，10：3，21：11 の内サイクロイド。

《バラ窓の美》

　外サイクロイド同様，内サイクロイドもゴシック建築，とくにバラ窓の飾り格子（トレーサリー）に見られる。バラ窓とは，石などでできた，たくさんの小さな区画に分割される円形の窓のことだ。バラ窓は内サイクロイドや外サイクロイドで見られる曲線に似た図形がしつらえられていることが多い。そこで，細密な芸術作品の有名な 2 例を図 10.19 に示した。

　幾何学的構造物の魅力はこの際おいておこう。手仕事による石細工の傑作がもたらす美にはただただ圧倒される。

図 10.19　ミラノ聖堂（左）とパリのノートルダム聖堂（右）のバラ窓

スピログラフとマジック曼荼羅——外トロコイドと内トロコイド

　「スピログラフ」はイギリスのエンジニア，デニス・フィッシャー（1918～2002）が考えたお絵描き道具だ。1960 年代の終わりから 70 年代

の初めにかけて非常な人気で，半世紀近くたった今，復活しつつある。1965 年から 67 年にかけて 3 年連続で年間最優秀教育玩具賞に輝き，2014 年にも最終候補に残った。スピログラフとは，図 10.20 にあるように，さまざまな大きさのプラスチックの円盤と円形の型でできていて，円盤も円形の型も歯車になっており，円盤が別の円の周をすべらずに転がれるようにかみ合う構造である。それぞれの円盤にはペンが差し込めるいくつかの穴がある。ペン先を穴の一つに差して円盤を回転させると，さまざまな曲線が描かれるのだ。

　円盤をピンで固定し，別の円盤の穴にペンを通し，それを固定された円盤の歯車に沿って転がしてみれば，こんどは外サイクロイドに似た曲線が現われる。さまざまな直径の円盤と円形の型を組み合わせ，円盤のいろいろな位置に空いている穴にペンを差し込んでぐるぐる円盤を回せば，予想外の美しさを見せる見事な幾何学図形を生み出すことができる

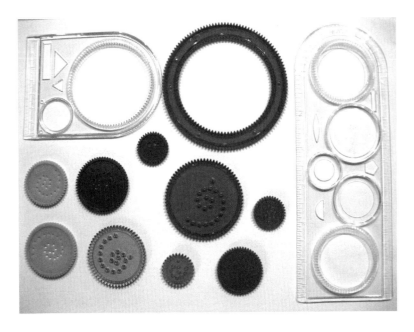

図 10.20　スピログラフの一例

（図 10.21 にいくつかの例を挙げた）。

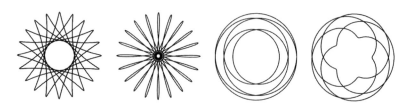

図 10.21　スピログラフでできるいくつかの曲線例

　しかしながら，この曲線は正確には外サイクロイドや内サイクロイド
ではない。構造上，ペン先が差し込まれる穴は輪の周上に乗ることはで
きず，必ず転がる円盤の内側にあるので，外サイクロイドや内サイクロ
イドの場合とは違ってくるからだ。スピログラフによって描かれる曲線
は，外トロコイド（転がる円盤が固定された円盤の外周を転がる場合），あるい
は内トロコイド（転がる円盤が固定された円形の型の内側を転がる場合）と呼ば
れる。外トロコイドと内トロコイドは，外サイクロイドと内サイクロイ
ドよりも幅広い曲線の区分だ。それは半径 R の固定された円の外側あ
るいは内側を転がって回る半径 r の円に，転がる円の中心からの距離 d
のところに付着した点によって描かれる曲線と定義される。この距離 d
は，転がる円の半径 r より小さくても，大きくても，等しくてもよい。
$d = r$ なら，外サイクロイドか内サイクロイドが得られるので，これは
外トロコイドと内トロコイドの特殊な場合と考えることができる。
$d = r$ のときのみ，曲線は鋭い，棘のような尖点を持つ。曲線を描く点
を動かしていると，固定された円に接するところで一旦停止し，そこが
尖点となる。$d < r$ なら（これはスピログラフでできる曲線には必ず成り立つ），
曲線の向きは，方向を変えるとき滑らかに変化する。これは図 10.21 に
ある例にも見られる。
　外サイクロイドあるいは内サイクロイドの形は，実際には，組み合わ
せる二つの円の半径の比によって，つまり，$k = \dfrac{r}{R}$ という一つの実数に
よって完全に決まるが，外トロコイドや内トロコイドの形状を規定する

には二つの数が必要となる——円の半径の比と，転がる円盤の中心から点までの距離 d と，この円の半径 r との比だ。$l = \dfrac{d}{r}$ とすると，k と l という数は，それに応じる外トロコイド，内トロコイドの形を一義的に表わす。

　スピログラフについては，次のような問題がある。転がる円盤は，ペンが再び出発点に達するまでに，固定された円を何周回らなければならないか。つまり，「完成図」（完結した曲線）になるには，何周回る必要があるのか。k が無理数なら，曲線は決して閉じないことはすでに述べた。ただ，歯車になった円盤や円形の型を用いて描く曲線については，k は必ず有理数になる。それは，k は要するに二つの円の周にある歯の数の比となるからだ。したがって，p と q をともに自然数（歯車の歯の数）として，$k = \dfrac{p}{q}$ は必ず得られる。固定円の歯が 150 で，回転する円盤の歯が 35 とし，大きい円の外側を（内側を）回って外トロコイド（内トロコイド）の曲線を描くとしよう。転がる円盤が当初に固定された輪と接する歯に印をつける。転がる円盤が 1 周すると，印は当初の位置から $\dfrac{150}{35}$ の余りの数だけ離れている。この場合は 10 個分だ（$150 = 4 \times 35 + 10$）。2 周すると歯は最初の位置から 20 個分離れ，3 周すると差は 30 個分となるが，4 周すると，$4 \cdot \dfrac{150}{35} = \dfrac{600}{35}$ の余りは 5 なので，差は 5 個分になる。N 周すれば印が最初に戻るとして，N はいくらだろう。これは $\dfrac{150N}{35}$ の余りが 0 になるとき，つまり 35 が $N \times 150$ の約数になるときだ。150 と 35 の最小公倍数（LCM）が外トロコイド（内トロコイド）が完成するのに歯が進まなければならない数で，この例の場合，$1050 = \mathrm{LCM}(150, 35)$ なので，1050 となる。あとはこれを周回数に直すだけだ。大きい円のホイールには 150 の歯があるので，得られた歯の進む数を 150 で割れば，ペンや鉛筆の先が出発点に戻ってくるまでに何周するかがわかる。つまり，$\dfrac{1050}{150} = 7$ で，7 周すれば外トロコイド（内トロコイド）は完結する。もっと一般的に言えば，小さい円盤に p 個の歯，大きい固定円に q 個の歯があるとして（$q > p$），p と q の最小公倍数を q で割れば，小さい円盤が曲線を完成する前に大きいほうを何周するかがわかる。つまり，$N = \dfrac{\mathrm{LCM}(p, q)}{q}$ である。

図 10. 22　外トロコイド（上段）と内トロコイド（下段）。固定円と転がる円盤のギア比が 150 : 35 の場合。転がる円盤が大きいほうの固定円を 7 周すれば、曲線は完結する。

まとめ

　本章では、転がる円盤に固定された 1 点が描く曲線を見てきた。点が転がる円盤のちょうど周上にあるかどうかによって、サイクロイドになったり、（もっと一般的な）トロコイドになったりする。円盤が直線上ではなく別の円盤の周に沿って外側を転がるなら、それによる曲線は、それぞれ外サイクロイドか外トロコイドになる。逆に、円盤は大きいほうの固定円の内側を転がることもできる。こうしてできる曲線は、内サイクロイドあるいは内トロコイドとなる。サイクロイドにはさまざまな興味深い性質があり、ガリレオ・ガリレイやレオンハルト・オイラーなど、多くの大数学者たちの関心を集めた。上下が逆のサイクロイドは、ヨハン・ベルヌーイが出題した有名な最速降下線問題の答えとなる。サイクロイドは一通りしかないが、外サイクロイドや内サイクロイドには無限に異なる形がある。これは外サイクロイドや内サイクロイドの形が転がる円盤と固定円の半径の比によって決まるからだ。円を円に沿って転がすことで生まれる形の多様性には実に驚嘆する。外トロコイドや内トロコイドという、スピログラフで描かれる曲線についてはなおのことだ。その外見は、関係する円の半径だけでなく、曲線を描く点と転がる円盤の中心からの距離によっても決まる。この曲線の幾何学から生じる、驚くほどの複雑さや深遠な美しさは、スピログラフで遊ぶ子どもや大人だ

けでなく，技術者や建築家，画家も刺激した。この多面的な曲線群の例には，日常生活で見られるものもある。コーヒーカップで反射する光によるカージオイドや，自転車のスポークにつけた反射板が描くトロコイドなどだ。さらにインターネット上では，スピログラフを描くさまざまなフリーソフトが入手できる。そのようなソフト（あるいは昔買った実際のスピログラフ）を使って，ここで取り上げた曲線のいくつかを是非作図してみていただきたい。もしかすると，独自の精緻なスピログラフの形が現われるかもしれない。転がる円盤から何が出てくるか，遊びながら試してみてほしい。

球面幾何学

　球面上に描ける円は基本的に2種類ある。円の中心が，球の中心に一致するものとしないものだ。本章では，前者の「大円」を取り上げる。球における幾何学と平面における幾何学とのあいだには，当然ながら多くの類似があるもののいくぶんか勝手が違うことが，この章を読めばわかる。球は私たちの思考に驚きをもたらすので，ときにそこから直感に反するアイデアが生まれる。たとえば，地球の赤道にロープを巻きつけることを考えてみよう。

赤道に巻いたロープ——これは意外

　このある種の数学遊びのために，地球を完全な球とし，赤道の周囲はちょうど4万kmとする。赤道上はなめらかなものとしておこう。

　まず，赤道上にロープをぴったり巻きつけて球全体をぐるっと囲むのだが，そのロープを赤道の周囲よりちょうど1mだけ長くしておく。この（少しゆるんだ）ロープを赤道に沿って，地表からの間隔が一定になるように配置する（図11.1）。そこで問題，地表とロープのあいだにできる隙間を一匹の鼠がくぐれるだろうか[1]。たいてい間違って，鼠とはいえロープの下をくぐることなどありえないという回答が予想される。

　この地球の円周とロープの周のあいだの距離を求める昔ながらの方法は，両者の半径を考えることだった。rを地球の赤道の半径とし（周囲をCメートルとする），Rをロープでできる円の半径とする（周囲＝$C+1$）。

　おなじみ円周の公式は次のとおり（図11.2）。

図 11. 1

図 11. 2

$$C = 2\pi r, \ \ \text{つまり} \ r = \frac{C}{2\pi}, \ \ \text{および} \ C+1 = 2\pi R, \ \ \text{つまり} \ R = \frac{C+1}{2\pi}$$

そこで，両半径の差を求める必要がある。これは次のようになる。

$$R-r = \frac{C+1}{2\pi} - \frac{C}{2\pi} = \frac{1}{2\pi}$$

したがって，次が得られる（分子の「1」は「1 m」を意味する）。

$$R - r = \frac{1 \text{ m}}{2\pi} = \frac{100 \text{ cm}}{2\pi} \approx 15.9 \text{ cm} = 0.159 \text{ m}$$

なんと！　実際には 16 cm 近くの隙間ができるのだから，鼠ならくぐれるではないか。

この問題を，「極端な場合を考える」という強力な解法のテクニックを使って取り扱うこともできるだろう。結果には円周が入っていないので，答えは地球の円周あるいは半径にはよらなかった。$\frac{1}{2\pi}$ を計算しさえすればよかったのだ。

極端な場合を用いた，じつに気の利いた解きかたは以下のようになる。内側の円（図 11.2）がきわめて小さく，半径 r がゼロであるとしよう（つまり点にすぎないということだ）。求めるのは半径の差で，この場合は $R - r = R - 0 = R$ である。つまり，求めなければならないのは大きいほうの円の半径なので，問題は解ける。円周の公式をこの大きい円の周の長さにあてはめればよい。

$$C + 1 = 0 + 1 = 2\pi R \quad \text{ゆえに，} \quad R = \frac{1}{2\pi} \text{ となる。}$$

この計算する前にはまさかと思わせる問題が，二つの輝く宝石をもたらす。まず，これは驚くべき結果を明らかにすること。次に，この先の便利なお手本となるエレガントな解法のテクニックを与えてくれることだ[2]。

さて，地球を 1 周したところで，今度は球の表面積に取り組んでみよう。球の表面積を求めるには，少々準備をしておく必要がある。まず，次のような関係を考えるところから始める。ある線分が，それを含む平面にある（その線分と垂直でもなく交わりもしない）軸を中心にして回転することによってできる面の面積は，線分の軸への射影と，元の線分の中点と軸を結ぶ垂直な線分を半径とする円の円周の積となる。

これはややこしく思われるかもしれないが，展開図を見て考えていけば，球の表面積を求める公式を決めるのに必要な道具であることがわか

ってくるはずだ。図 11.3 では，線分 AB が XY を中心に回転する。線分 CD は，AB の XY への射影と呼ばれる。これは AC と BD が XY に垂直であることを意味する。また，EF は AB の垂直二等分線である。線分 AB の回転で掃かれる面積を S で表わす。以下の展開では，S が $(CD)(2\pi)(EF)$ に等しいことを明らかにする。

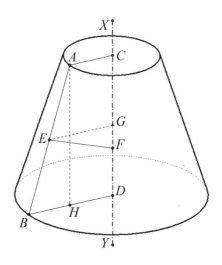

図 11.3

AB は XY と平行ではなく，交わってもいないので，S は回転による円錐台——つまり円錐の上の部分を切り取ったもの——の側面積と言える。次に，$EG \perp XY$ と $AH \perp BD$ を引く。円錐台の側面積は，母線の長さ（AB の長さ）を h，両底面の半径を r と r' として，$h\pi(r+r')$ となることを思い出そう。EG は台形 $ACDB$ の中線なので，$EG = \dfrac{r+r'}{2}$ となる。ゆえに，$S = (AB)(2\pi)(EG)$ である。四辺形の角の和は $360°$ であることはわかっている。$\angle BEF$ と $\angle BDF$ はどちらも直角なので，残った二つの角，つまり $\angle EBD$ と $\angle EFD$ は互いに補角を成す——つまり和が $180°$ となる。また，$\angle GFE$ は $\angle EFD$ と補角を成すこともわかる。ゆえに，$\angle GFE = \angle EBD$。これによって，直角三角形 EGF と

238

AHB は相似で,$\dfrac{AB}{EF} = \dfrac{AH}{EG}$ が得られ,$(AB)(EG) = (AH)(EF)$ となる。ところが $AH = CD$ なので,$(AB)(EG) = (CD)(EF)$ である。あとは先の側面積から線分の積を置き換えるだけで,次が得られる。

$$S = (CD)(2\pi)(EF) \qquad\qquad (\mathrm{I})$$

この式を確かめてしまえば,それを球にあてはめて,球の表面積の公式を生み出すことができる。

これから,半円に内接し,辺が偶数の正多角形の半分を回転してできる表面積は,半円の直径と,その直径の中心から多角形のいずれかの辺へ垂直に出た線分を半径とする円周の積に等しいことを示す。

図 11.4 には,半円 ADG に内接し,AG を軸として回転する多角形 $ABCDEFG$ を示す。S を,$ABCDEFG$ を回転してできる面の面積とし,点 O から AB に伸ばす垂線の長さを h で表わす場合に,$S = (AG)$ $(2\pi)(h)$ であることを示したい。先に式(I)として得られた結果を使うと,AB でできる面の面積は $(AP)(2\pi)(HO)$ であることがわかる。同様に,BC でできる面の面積は $(PQ)(2\pi)(JO)$ となる。このパターンを続

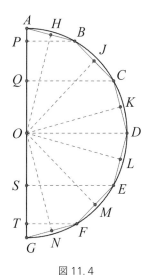

図 11.4

ければ，CD でできる面の面積は $(QO)(2\pi)(KO)$ である。これを多角形の各辺について続ければ，掃かれる面の総面積は $(AP + PQ + QO + OS + ST + TG)(2\pi)(h) = (AG)(2\pi)(h)$ となる。$h = HO = JO = KO = LO = MO = NO$ であることはわかっているので，h をくくり出せるからだ。この多角形の辺の数を無限にしていくと，正多角形はどんどん半円の円周に近づくのがわかる。h は半円の半径に近づき，無限正多角形になれば h は半径 r に等しくなるので，半円によって掃かれる面の面積は $(2r)(2\pi)(r) = 4\pi r^2$ となる。

　ここで，球面幾何学の要になる成分，大円と呼ばれるものを定義すべきだろう。これは球面上に描ける円であり，その中心が球の中心でもある円のことだ。明らかに，これは球面上に描ける最大の円となる。それと同じことだが，その弧が球面上の2点をつなぐなら，この弧（つまり大円にできる二つの弧のうち短いほう）は，球面上のその2点間の最短距離である。このことにより，大円は，平面上における線分に相当するものとなる。線分も平面上での2点間の最短距離だからだ。大円を基準にして書き換えると，球の表面積は，直径 $(2r)$ とその球面上の大円の周の積と表現することもできる。これは記号で書けば $(2r)(2\pi r) = 4\pi r^2$ だ。あるいは球の表面積を，大円の面積の四つ分，すなわち $4(\pi r^2)$ に等しいと言い換えることもできる。

　地球を半径 6378.137 km の完全な球と考えれば，地球の表面積は，上記の公式を使って次のように得られる。

$$\text{表面積} = 4\pi r^2 = 4 \times 6378.137^2 = 51120790 \,\text{km}^2$$

　これで球の表面積を求める方法がはっきりしたので，今度は球の体積の求めかたを考えてみる。取りかかる前に，角錐の体積は底面積×高さの三分の一だったことを思い出しておこう。この論証にも，やはり極限を用いる。

　まずは立方体に内接する球を考える。それから立方体の角を，図 11.5 にあるように，球に接する平面で切り取る。こうして，球のまわりに次々と多面体ができる。接平面で角を切り取る作業を続けよう。新しく

できた多面体から頂点を切り取り続けると，多面体の体積が，球の体積に限りなく近づいていくことに気づくはずだ。

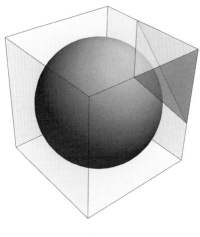

図 11.5

この手順が続くと，球に接する平面でできる角錐形が多数できることもわかる。こうした角錐の一つについて，図 11.6 にあるように誇張した姿を考えてみよう（もちろん本当の底面は，実際は「平ら」と考えていいほど小さい）。

角錐 $O\text{-}ABCD$ の体積は，底面 $ABCD$ の面積と，球の半径である高さ r との積の三分の一だ。球の体積は，高さが球の半径となる無限個の角錐の体積の和と見立てられる。角錐の底面積の合計は，球の表面積 $(4\pi r^2)$ であり，無限個の角錐の体積の和は，次のようになるはずだ。

$$\frac{1}{3}(r)(4\pi r^2) = \frac{4}{3}\pi r^3$$

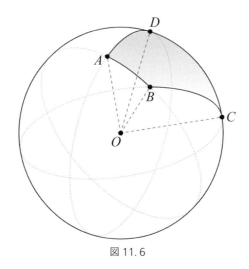

図 11.6

　ここでも前例に倣って，愛すべき球（完全な球と仮定する）である地球に
目を転じて，地球の体積を計算してみよう。先と同様に半径を 6378.137
km とすると，

$$\frac{4}{3}\pi r^3 = \frac{4}{3}(3.14159)(6378.137)^3 \approx 1086851000000 \text{ km}^3$$

　これで球の構造的な情報，つまり表面積と体積がわかったので，次に
球面上の幾何学に目を向けてみよう。こちらは平面幾何学に対して球面
幾何学と呼ばれる。この幾何学の研究は，ドイツの数学者ベルンハル
ト・リーマン（1826〜1866）が始めた。ユークリッド幾何学から離れ，球面
上での非ユークリッド幾何学を考えた人物だ。その幾何学では，ユーク
リッド幾何学での標準的な前提のすべてが維持されるわけではない。た
とえば，球面幾何学では平行な直線はない。
　この別種の幾何学を調べるときには，いくつか基本となるルールを設
定する必要がある。たとえば 2 点間の最短距離は，それを結ぶ線分であ
ることがわかっている平面では直線を用いるのと同じように，球面上で
は同じ目的のために大円を用いる。平面にならって，球面上の 2 点を結

ぶ最短距離はそれをつなぐ大円の弧である。ときどき，ニューヨークからウィーンへ飛ぶ飛行機が，たいてい北へ向かってグリーンランドの沿岸付近を飛ぶのはなぜかと問われることがある。地図上では，大西洋のまんなかを直行したほうが距離は短く見えるのだが，実際には，大圏航路と呼ばれるグリーンランド上空を飛ぶルートのほうが，距離は短い（図11.7）。

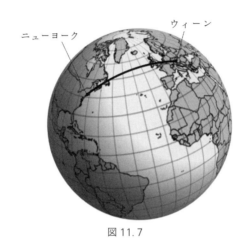

図 11.7

同じ球上の大円には注目すべき性質がある。そのうちいくつかを以下に挙げておく。

- 球の大円の軸は球の中心を通る。
- 同じ球のすべての大円は等しい。
- すべての大円は球を二等分する。
- 同じ球の任意の二つの大円はお互いを二等分する。
- 同じ球の二つの大円による面が直交するなら，それぞれの大円は互いの極を通る（大円の極とはその平面に垂直な球の直径の端点のこと）。
- 球面上の任意の2点（直径の端点は除く）を通る大円は一つだけ引ける。

これで，球面角の概念を取り上げられるようになった。二つの大円の弧が球面上で交わるとき，この二つの弧は球面角を定義する。これは球面角の頂点で二つの大円に接する2本の接線が成す角である。これを図11.8で $\angle A'PB'$ として示す。これは，頂点 P を極とする大円の弧 AB と同じ大きさの角度になることを示す〔以後，AB という表記で角度を示す場合は，この球面角の定義に従う〕。図11.8の，$\angle A'PB'$ の大きさが弧 AB の角度と同じであることに注目する。

また，図11.8では，弧 PA と PB が点 A と B で大円と直交していることもわかる。一般に，与えられた大円の極を通る大円の弧は，すべて与えられた大円と直交する。

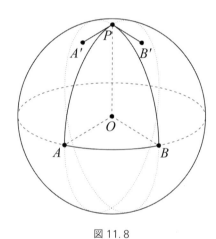

図 11.8

平面幾何学で直線を指すために使われる単語，「対角線」「高さ」「中線」「二等分線」などは，球面多角形においては，直線が平面上に描かれた多角形に対するのと同じ関係がある。同様に，球面三角形を形容するために，「直角」「鈍角」「鋭角」，「正」三角形，「二等辺」三角形，「等角」三角形〔正三角形のこと〕などの表現を用いる。念を押すと，球面三角形の辺はすべて球面上の大円の弧である。

平面の三角形に似て，球面三角形の2辺の和はその球面三角形の残り

の 1 辺よりも大きい。図 11.9 では，球面での ΔABC の辺について，
AB + BC > AC, AC + BC > AB, AB + AC > BC となる。

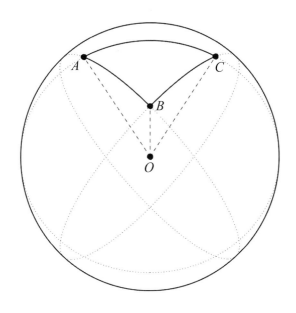

図 11.9

　さらに，球面凸多角形においては，辺がつくる和〔ここでは，「辺」の中心
角の大きさを辺の長さに対応させている〕は 360° よりも小さい。図 11.10 で
は，球面四辺形の辺がつくる中心角の和は AB + BC + CD + DA < 360°
であることがわかる。ちなみに和が 360° に等しくなるのなら，四辺を
球上でつなげれば大円ができるはずだ〔辺の中心角が 360° とは，大円一周分
ということ〕。

　球面三角形が平面三角形と大きく違う点の一つは，球面三角形の角の
和が 180° よりも大きく，540° よりも小さくならざるをえないところだ。

　見方を変えれば，球面三角形は直角が一つ，二つ，三つでもありうる
し，鈍角が一つ，二つ，三つのいずれもありうる。もちろん，平面三角
形ではこれは成り立たない。平面上の三角形の角の和はつねに 180° だ

からだ。

この球面三角形の角の和を明らかにするには，まず極三角形を定義しておく必要がある。球面三角形の頂点が，別の球面三角形の各辺の極であるなら，二つの三角形は互いの極三角形にある。図 11.11 では，点 A', B', C' は，球面三角形 ABC の 3 辺 BC, AC, AB の極である（点 A' は，辺 BC を含む大円の極として決まり，同様に点 B' は辺 AC の，点 C' は辺 AB の

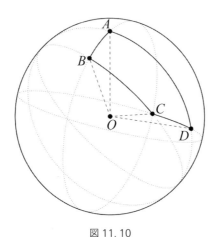

図 11.10

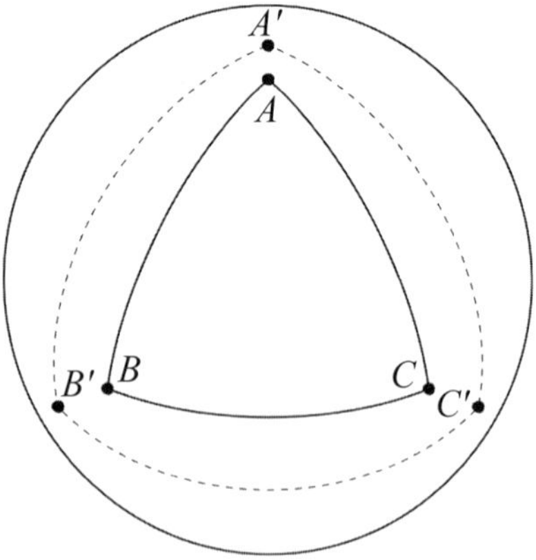

図 11.11

極となる）。同様に，点 A, B, C はそれぞれ弧 $B'C', A'C', A'B'$ の極である（なお，このような関係はつねに反射的になる。$A'B'C'$ が ABC に対する極三角形なら，ABC は $A'B'C'$ の極三角形となる）。

　ここで，二つの極三角形のあいだにある重要な関係を確かめる必要がある。つまり，任意の極三角形について，一方のどの角も，もう一つの極三角形の対辺と補角を成す。たとえば図 11.12 で，三角形 $A'B'C'$ は三角形 ABC の極三角形とすると，次のことを示すようになる〔最初の式の $B'C'$ などは，前述の球面角を表わす〕。

$$\angle A + B'C' = 180°, \ \angle A' + BC = 180°$$

$$\angle B + C'A' = 180°, \ \angle B' + CA = 180°$$

$$\angle C + A'B' = 180°, \ \angle C' + AB = 180°$$

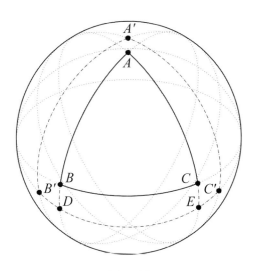

図 11.12

弧 AB と AC を延長して $B'C'$ と交わる点をそれぞれ D と E とするところから始めよう。B' は AE の極なので、$B'E = 90°$ となる。同様に、$DC' = 90°$ であり、ゆえに $B'E + DC' = 180°$ である。$B'E = DE + B'D$ であり、これによって、$DE + B'D + DC' = 180°$ となる。A は DE の極なので、$DE = \angle A$ であることはわかっている。ゆえに $\angle A + B'C' = 180°$ である。ほかの球面三角形の角それぞれについても同じ論証ができるので、一方の球面三角形の角は、その極三角形の対辺と補角を成すという関係が成り立つ。

これで、球面三角形の角の和が $180°$ より大きく $540°$ より小さいことが明らかにできる。

まず、球面三角形 ABC とその極三角形 $A'B'C'$ が与えられていて、図 11.13 にあるように、極三角形の各辺の角度を a', b', c' で表わすこととする。

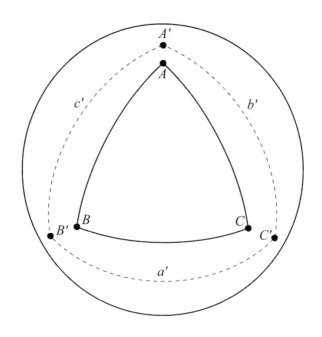

図 11.13

先に，球面三角形の角と，その極三角形の対辺は互いに補角を成すことを確かめたので，$\angle A + a' = 180°$，$\angle B + b' = 180°$，$\angle C + c' = 180°$である。この三つの等式の和をとれば，$\angle A + \angle B + \angle C + a' + b' + c' = 540°$となる。球面三角形の三辺の和は $360°$ より小さいことはわかっているので，$a' + b' + c' < 360°$ となる。したがって，これを先の和から引くと，球面三角形の角の和は $180°$ より大きくならざるをえない。つまり，三角形 ABC について，$\angle A + \angle B + \angle C > 180°$ である。

　$\angle A + \angle B + \angle C + a' + b' + c' = 540°$ で，もちろん $a' + b' + c' > 0°$ であることからすると，$\angle A + \angle B + \angle C < 540°$ である。ゆえに，当初の命題，$180° < \angle A + \angle B + \angle C < 540°$ が成り立つ。

　球面三角形の合同を考えることもできる。しかし，平面三角形と比べると，球面三角形の対応する部分には，等しくても方向のせいで合同とは言えない場合もある。この場合には，両三角形を「対称的」と呼ぶ。

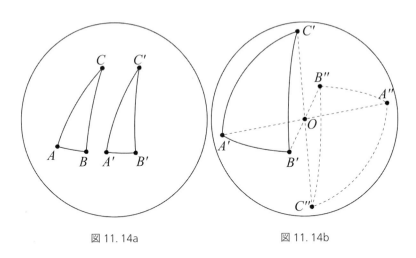

図 11.14a　　　　　　　　図 11.14b

　図 11.14 の a と b で，合同な球面三角形と対称的な球面三角形を見ることができる。ここでは平面三角形と同様，次のような合同条件がある。

- 同じ球面上，あるいは等しい球面上にある二つの球面三角形は，一方に含まれる二つの辺と一つの角がそれぞれ他方の二つの辺と対応する角が同じ並び順で等しければ，合同（逆向きに並んでいる場合は対称）である。

- 同じ球面上，あるいは等しい球面上にある二つの球面三角形は，一方に含まれる二つの角と一つの辺が，それぞれ他方に含まれる対応する二つの辺と一つの角に同じ順で等しければ合同（逆向きに並んでいる場合は対称）である。

- 同じ球面上，あるいは等しい球面上にある二つの球面三角形は，一方の三つの辺がそれぞれもう一方の三つの辺に等しければ合同あるいは対称である。

- 同じ球面上，あるいは等しい球面上にある二つの球面三角形は，一方の三つの角が，それぞれもう一方の三つの角に等しければ合同あるいは対称である。

　二つの対称な球面三角形——当然，合同な球面三角形も——は，面積が等しいこともわかっている。さらに，平面二等辺三角形にあるのと類似の関係は，球面二等辺三角形，つまり二つの辺の長さが等しい三角形にもある。さらに，球面二等辺三角形の底角は等しく，逆に，球面三角形の底角が等しければ，その対辺は等しい。また，等辺球面三角形は等角であり，等角球面三角形は等辺となる〔いずれも「正三角形」に相当〕。
　見てのとおり，球面上の幾何学は，平行線がまったくないという，それはそれで独自に成り立つ研究だが，それでも平面幾何学と似たところは多い。以上が，円（この場合は球の大円）だけに基づいた非ユークリッド幾何学と呼ばれるものの一例だ。
　ところで，球面幾何学と平面幾何学を結びつける，余興のようななぞなぞ的問題がある。図11.15では，大円による辺で構成される球面三角

形と呼んだ球面上の，三角形の角の和が$180°$より大きくなることがわかる。これはもちろん，角の和が$180°$になる平面上の三角形ではありえない。それともありうるのだろうか。

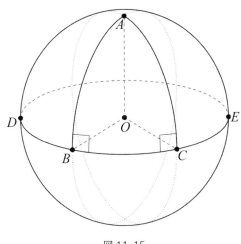

図 11.15

　次のような，大きさが同じでも違っていてもよい，図 11.16 のように，二つの交わる円がある状況を考えよう。交点の一つからそれぞれ直径を引き，それから直径の反対側を結ぶ。

　AB が点 D で円 O と交わり，点 C で円 O' と交わる，直径 AP と BP の端が直線 AB でつながっている図 11.16 では，$\angle ADP$ は半円 PNA の円周角で，$\angle BCP$ は半円 PNB の円周角であり，どちらの角も直角になる。すると $\triangle CPD$ には直角が二つあるというジレンマが生じる。これは球面三角形についてならわかるが，平面ではありえない。したがって，この話にはどこかが間違っているにちがいない。

　この図を正しく描けば，三角形の角の和が$180°$を上回ることはありえないので，$\angle CPD$ は 0 にならなければならない。つまり，$\triangle CPD$ は存在しない。図 11.17 がこの状況の正しい図を示している。しかし，これが正しい図であることを証明しなければならない。

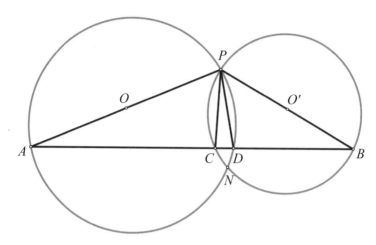

図 11. 16

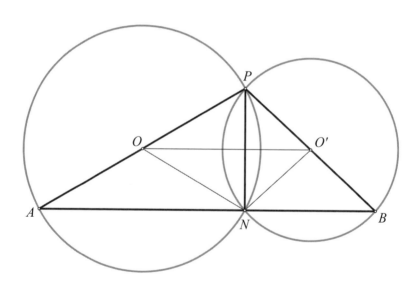

図 11. 17

図 11.17 では，$\triangle POO' \equiv \triangle NOO'$ であり，したがって $\angle POO' = \angle NOO'$ であることはわかる。$\angle PON = \angle A + \angle ANO$ で $\angle ANO = \angle NOO'$（錯角）だから，$\angle POO' = \angle A$ となり，したがって $AN \parallel OO'$ となる。同じ論法が円 O' についても立てられ，$BN \parallel OO'$ が得られる。2 本の線分 AN と BN はそれぞれ OO' に平行なので，結局，同じ直線 ANB 上になければならない。これは図 11.17 の図式が正しく，図 11.16 の図式は正しくないことを証明する。ゆえに，平面と球面では概念がどれほど違うかを，パズル風に示しているにすぎない〔図 11.16 の点 O が円の中心からずれているのもこれを説明するためであった〕。

球面幾何学と平面幾何学を対照させることによって，非ユークリッド幾何学と呼ばれるものの入り口を覗いた。この幾何学では，平行線公準——すなわち，1 点が与えられると，そこから，与えられた直線に平行な直線は 1 本だけ引ける——とは言わない幾何学だ。言い換えれば，平行の概念は球面では成り立たない。球面上で暮らしている私たちが使うにふさわしい幾何学ではないか。先に触れたように，旅客機の航空路もこの球面での現象の一つの表われだ。

後記　円文化論入門

エルヴィン・ラウシャー

私の円を乱すな

　古代世界の製図板は砂で，コンパスは尖った針だった。アルキメデスはギリシア時代のとてつもない学者で，その学識を母国シラクサが第二次ポエニ戦争で勝つために，兵器製造に用いた。学者人生のあいだには，πの値の近似値を得るための方法を書いただけでなく，梃子の原理も発見している。ヒエロン2世（紀元前308〜215）から軍に召集されたアルキメデスは，新たな知識を総動員して高度なカタパルトやクレーンを開発し，来襲するローマ軍艦の士気をくじいた。そのためローマ軍の将軍マルクス・クラディウス・マルケッルス（紀元前268〜208）は，アルキメデスのことを神話的なイメージになぞらえて，「数学のセンティマーニ（百の手を持つ数学者）」と呼んだ。のちにシラクサが内部の裏切りによって陥落すると，アルキメデスは勝利したローマ軍の命令に反して殺された。砂の上にかがみ込んで円を描いて図形に没頭しているとき，相手がアルキメデスだとは思いもよらずに乱入したローマ軍兵士の剣にかかったのだ――マルケッルスは「アルキメデスを殺すな」とはっきり命令していたにもかかわらず。アルキメデスの最期の言葉は「私の円を乱すな！」だったとされる[1]。ある無知な兵士の激情が，かの有名な数学者に死をもたらした――犯罪小説のように伝わってきた歴史上の物語だ。
　これは，人類最古にして重要なシンボルとも言える円の歴史を語る物語のなかでも，有名なエピソードとして重要な一幕ではないだろうか。そこには私たちの思考や探究に見られるさまざまな面が描かれており，

もはや数学という領域に留まる話ではない。こうした物語は，当時の砂に描かれた単純な跡からこのかた，人間の精神がどのように形成されてきたかを証言してくれるはずだ。数学はさまざまに形を変えながら神々と世界についての人の想像力を育んできたが，ユークリッドによって詳説された円の姿は，現代の数学における円ともまったく変わらないからだ。

円なしには生きられない

　誰もが円と球に囲まれて生きている。瞳孔と虹彩は丸く，自転車や自動車の車輪，フリスビー，ケーキ，ハンバーガー，錠剤，硬貨も丸い。ボールやフラフープで遊び，輪になって踊る。儀式では，人々が篝火を丸く囲むのはよくある光景で，クリスマスツリーにぶらさがる丸い飾りを見た人の目が輝く。私たちは自転車に乗り，方位磁針を手に山歩きをし，車のハンドルを回し，円形の交通標識や信号に従い，CD の円盤で音楽を聴き，チェッカーの丸い駒で遊ぶ。重大な決定が銀行業界でなされ，商品は商業界で売買され，教師は同業者仲間で教育法を論じあい，

最適価格が取引市場で交渉される。シェイクスピアが活躍していた頃のグローブ（地球）座はおそらく円筒形の構造で，誰でもスリーリング・サーカスは知っている〔隣接する3か所の円形舞台＝リングで同時に行なわれるサーカス〕。日々の生活でも何かの象徴として円はあちこちに登場する——人々は会話の輪に集い，円卓で議論し，内輪の友人たちとくつろぐ。ロータリーは車両の流れを円滑に運ぶ。要するに，円は至るところにある。

円と球——日常生活と数学の永遠のシンボル

　円と球は古来，あらゆる文化で象徴として用いられてきた。先史時代の儀式の場は円形であることが多く，今もいくつもの先住民の居住地が円形をとっている。キリスト教での被造物が成す階層構造や禅宗での悟りの段階など，中心から広がる円は調和の象徴だ。円は反復のシンボルであると同時に，自然に存在するあらゆるもの（太陽，月，我らが大地）の基礎も成している。大地そのものが，球形であることが知られていなかった時期には円盤と見られていた。円形を基盤に配置される曼荼羅は，物質的な世界から精神的な世界へ至る道筋を示している。チベット仏教の僧は今日でも，念の入った円形や方形の曼荼羅を砂に描き，アルキメデスとは違い，そのうえで無常の象徴として自分でそれを消してしまう。

　数学の理論上では，円と球は完璧な幾何学的形態と考えられ，その概念はあらゆる学年の指導要領に浸透している。幼児はさまざまな円形を描き，そこに色を塗るところから始める。円の作図の練習は，対称性の概念をつかむ手助けになる。生徒はそのあたりから学びを進めて，円にかかわる多くの幾何学的関係に遭遇することで数学の学習を続ける。その学習はもちろん，「ジオミーターズ・スケッチパッド」や「ジオジブラ」などの動的幾何学ソフトで大いに補強される。円の応用範囲を円錐，円柱，球に広げたり，三角法を使ったりすることで，円の重要性がくっきりと浮き彫りになる。球面上の大円に関する学習にまで広がれば，平面幾何学を球面幾何学に拡張することになる。πの値の計算といった，初

等的な範囲にあってもアマ・プロを問わず何世代もの数学者たちをとりこにしてきた問題もあれば，円積問題や，確率論的[2]なシミュレーションを用いて円の面積を求めるような，高度な問題もある。

円積問題（squaring the circle ＝ 円を正方形化する）

　与えられた円の面積にぴったり等しい正方形を描くという課題は，幾何学のなかでもとびきり有名な問題の一つである。今日に至るまで，多くの熱狂的数学ファンが，古典的なユークリッドの方法でこの作図ができることを示そうとしてきた。しかし，この問題は解けないということが 1882 年に示された。ドイツの数学者フェルディナント・フォン・リンデマン（1852〜1939）が，この作図は古典的な道具——定規とコンパス——ではできないことを証明したのだ。

　この問題を解こうと，人々は何千年もにわたって苦闘してきた。紀元前 1550 年頃にはすでに，古代エジプトの「リンド数学パピルス」という史料で多角形を使って円の面積を近似しようとする試みが見られ，タレス（紀元前 624〜546），ピタゴラス（紀元前 582〜496），プルタルコス（48 頃〜127 頃）らがこの問題を相手に格闘していた。伝説によれば，ペリクレス（紀元前 496 頃〜429）の師となるアナクサゴラス（紀元前 500 頃〜428 頃）

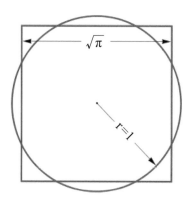

図 A.1　円積問題
("Squaring the Circle," Wikimedia Commons, original PNG by Plynn9; SVG by Alexei Kouprianov)

が，投獄されていたときに退屈さのあまり，この問題に没頭したらしい。図 A.2 の影つきの部分のような，大きい円と小さい円の弧で区切られた部分の面積と三角形の面積が等しいという「ヒポクラテスの三日月[3]」は人々を魅了する図形なのだが，それでも解くことはできなかった（小さい円は大きい円の中心角 90° の弦を直径とするもので，直角二等辺三角形は大きい円の半径を二辺とする）。さらにあとになって，アルキメデスがこの問題を解くのに失敗したが，そのときは円の重要な基本的性質について多くのことを証明できた[4]。中世や近代には，多くの科学者が証明を試みて挫折したが，前述のとおりとうとう 1882 年，フェルディナント・フォン・リンデマンが，π が超越数であることを証明し，その結果をもって，古典的なユークリッドの方法では作図ができないことを証明した。つまり，定規とコンパスだけでは，円の面積に等しい正方形は作図できないのだ。

　そういうわけで，英語圏でよく使われる square the circle という表現は「不可能なことの企て」という意味となる。イタリアの詩人ダンテ・アリギエリ（1265〜1321）でさえ，『神曲　天国篇』の第 33 歌でそれが解けないことに触れ，それを三位一体のとらえがたさになぞらえている。

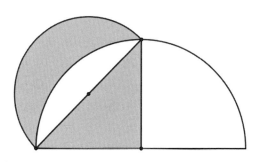

図 A.2　ヒポクラテスの三日月

幾何学者が円周を計測しようとして
全集中力を傾けようとも，思考の果てに，
なお，彼の求める原理の発見には成功せぬ，

その驚異の光景を前にした私もそれと同じだった。
どうしてその人間の像が円と両立し，どうして
その場所に在り得たのか，私は理解することを望み続けたが[5]，
〔原基晶訳『神曲　天国篇』講談社学術文庫〕

　しかし私たちは，高さが半径の半分である円柱を考えれば，一定の長
方形の面積に等しい円の解を得ることができる。この円柱の側面を展開
すると長方形になり，その面積は円柱の底円の面積に等しいのである。
残念ながら，これでユークリッド流の作図に達する助けになるわけでは
ない。問題の，長方形の長辺を作図することはできないからだ。これも
また，精巧なアイデアながら実際の円積問題にはつながらない例だ。第
一印象では，求める作図に向かう道筋を指し示しているように見えるの
だが。

大地——円盤から球へ

　古代ギリシアの教えは，自然は神々の玩具（おもちゃ）なのではなく，合理的に理
解できる対象だという考えかたをもたらした。地球の姿についてミレト
スのタレスは，星が散りばめられた半球の屋根の下，円盤の上に陸地が
浮かんでいるものだと想像した。
　ヘシオドス（紀元前700頃）は，半球の反対側には地下世界があると考
えていた。どちらの半球でも，平らな大地は大きな円と想定され，その
中心に世界の中枢としてのデルポイの神殿が位置していた。ヘロドトス
（紀元前484頃～425頃）は大地が球形であることに気づいていたのかも
しれないが，16世紀の終わりになるまで，星空は大地の上を回転する球と
みなされていた。近代に至るまでの複雑で閉鎖的な世界観が，どれほど
神話，宗教，数学のあいだで協調していたかを証明している。20世紀の

図 A. 3 〔初出は Camille Flammarion's *L'atmosphère: Météorologie populair*〔Paris, 1888〕, p. 163 に掲載された作者不詳のフラマリオン版画〕

　非ユークリッド幾何学に関する新しい知識によって，ダーフィト・ヒルベルト（1862～1943）の公理主義が，あらためて世界の有限性と宇宙が無限に見えることとの関係を教えてくれた。

　プラトン（紀元前428頃～348頃）の時代から，大地は球と認識されていて，アリストテレスは重力を，世界の中心を目指すことと定義していた。水は重い元素と考えられていて，垂直に下へ大地（土）の表面に向かっていたが，軽い元素である空気や火は上のほうにある外縁に向かう傾向にあった。ギリシアの哲学者アナクシマンドロス（紀元前610頃～546頃）によれば，星々の円運動は太陽と月の成長によって余儀なくされるらしかったが，プラトンは，星々は調和的な数の比で決まる同心円状に回っていると見ていた。地球中心説から太陽中心説への移行は，ニュートンによる天の物理学とともに，さまざまな古代的構図や解釈に終わりをもたらした。ドイツの数学者ヨハネス・ケプラー（1571～1630）に基づくニュートンの天体力学によって，新たに説明された理論や説明モデルは数々ある。そしてもちろんケプラーは，天体がめぐる経路をうまく記述するのは円よりも楕円だという事実を発見したことで知られている。

神学における円と球の重要性

　宗教の舞台でも，円は根源的な役割を演じてきた。キリスト教においては，神は球で，その中心がいたるところにあり，外縁部というものはどこにもないと考えられていた（図 A.4）。ギリシアの哲学者プロティノス（205頃〜270頃）は，無限の球という象徴表現による神秘的な幾何学の観点から，それを無限な始原の力と解釈した。ドイツの哲学者ニコラウス・クザーヌス（1401〜1464）は，中世から近代への移行期に，宇宙の範囲を球体の内側に限定するのではなく，潜在的に無限に広がるものだと説いた最初の人物であった。無限においては，円も直線も同じになる。そこでは，神は中心に，神の子は半径範囲内に，聖霊は外周に位置すると解釈されていた。その後，ケプラーはこの象徴表現を世界の姿を説明する際に用い，太陽の中心を父なる神のイメージと解釈し，有限数の恒星を神の子，エーテルで満たされる空間を聖霊の象徴と解釈した。それ以後は，知見や知識を得る方法は，主に自然哲学，つまり神が姿を変えた永遠の世界についての学問が，役割を担っていくようになった。神学，数学，自然学は，偉大な科学者の推論ではつねに密接に結びついていた（今でもそうだろう）。神学における球と円は，プラトンの「人間球体論」のような突飛な推論で使われたような絶対を表わす象徴というよりは，神学者のオリゲネス（185頃〜254頃）による，復活のあと，不死の魂と死者

図 A.4 「神は球で，あらゆるところがその中心で，外縁はどこにもない」『24人の哲学者の書』（edited by Clemens Baeumker, *Beiträge zur Geschichte der Philosophie des Mittelalter*〔Münster, 1928〕, p 207）

の体は，それぞれ球の形をとるというような見立てで用いられた。

　さらには，「永遠」という概念にさえ，完璧な円形となぞらえる向きも
ある。ダンテの『神曲　天国篇』第 14 歌にある円の二重の動きに，その
一例が表われている。

　　中心から円の縁へ，そして円の縁から中心へと
　　一つの円い壺に入った水は，
　　外を，あるいは中を打たれたかに応じて動いていく[6]。
　　〔原基晶訳，前掲〕

　この思想は，イタリアの神学者トマス・アクィナス（1225〜1274）の，以
下のような教えにも表われている[7]。「永遠は円の中心に等しい。単純で
分割できないが，そこには時間の流れ全体が含まれ，時間の各区部分は
同じように等しく存在する」

　また，神の受肉とは，世界を際限なく包み込む存在であるということ
が，共通の主題として歌われる。イギリスの宗教詩人リチャード・クラ
ショー（1613 頃〜1649）は，情熱的な詩，「われらが主，神の栄光の至福の
なかで」に印象的な表現がある。

　　夜の昼なるあなた，西の東なるあなたへ，見よ，われらはついに道を
　　見いだした。あなたへの道，世界の偉大な普遍の東への道。すべて
　　の，平凡な比。すべて円を描く点。すべて中心のある球……[8]

　ここにも，神学と数学の奇跡的な邂逅がある。中心としての神は線へ
と続き，世界と人間は，中心の放射によって生まれる円のようなものな
のだ。

　時をさかのぼるとピタゴラスも，点の生成力を指摘していた。プロテ
ィノスにとって，中心は円の父だった。アンゲルス・シレジウス
（1624〜1677）という 17 世紀ドイツの神秘思想家にして宗教詩人は，「神
はわが点にして円」と題してこう綴る。

私が神を私のなかに収めるとき，神はわが中心。またわが円周。
愛のために私がそのなかで融けてしまうときは[9]。

　しかし17世紀以後は，円と球の偉大なる象徴はその意味を，神から人間へと方向転換した。「私の魂は中心にある無限の球」[10]と，イギリスの聖職者で詩人，トマス・トラハーン（1637〜1674）は述べる。
　近代における最も重要だと思われる信仰詩は，オーストリアのボヘミア詩人ライナー・マリア・リルケ（1875〜1926）の作で，それはこう始まる。「私はわが人生を大きくなる円で過ごす。それは私のまわりの事物の上を輪のように広がる……[11]」

リミットのない「サークル・リミット」

　円が用いられるのは，もちろん宗教方面だけではない。第9章でも紹介したエッシャーは，透視図法を使ってありえない図や錯覚を操る名人で，多くの傑作を20世紀に残した。エッシャーの作品は数学界ではとくに有名になり，語り論じられる対象である。イギリスの遺伝学者ライオネル・ペンローズ（1898〜1972）とその息子の宇宙物理学者，ロジャー・ペンローズ（1931〜）による，エンドレスに上り続ける「ペンローズの階段」は，エッシャーの「滝」や「上昇と下降」などの作品のモデルになった。エッシャーの精密な作品には，メビウスの帯やさまざまな鏡像に加えて，円で区切られるグラフィックアートもある。その数々の謎めいた構造は，老若男女に知的興奮を与え続けている。
　木版の「円の極限（サークル・リミット）」シリーズでは，双曲幾何学を表わす独自の構図を考えた。これはフランスの数学者，ジュール＝アンリ・ポアンカレ（1854〜1912）が考えたもので，ポアンカレは，ある意味で無限の平面全体が有限の円のなかに収まる，という理論を立てた。「サークル・リミットⅢ」は，魚が円周に近づくにつれてユークリッド的な意味では小さくなって（双曲幾何学的な大きさは一定でありながら），無限匹存在できることを明らかにしている。この木版画では，4匹の魚がひれで直角に交わり，3匹が左のひれの先で交わり，さらに3匹が鼻先で交わる。魚の背骨は白い

図 A. 5　マウリッツ・コルネリス・エッシャー「サークル・リミットⅢ」木版 (1959)
(Wikimedia Commons, ©M. C. Escher, user Tomruen)

円弧上に並んでいる。ひとつの円弧上の魚は同じ色で，すべての魚が，隣接する魚の色は違っていなければならないという，地図の塗り分け原則のもとに彩色されている[12]。

　エッシャーのモデルはさしずめ，数学の庭からの恵みとも言うべく，さまざまな形が豊富に取り揃えられている。おなじみの平面充塡の手法で，幻想的な形が多くの変奏や比喩で繰り広げられると，たとえば鳥が魚に変身する。こうして数学はアートになる――円と呼ばれる小さな丸い部屋のなかの世界全体の，思考と形として。

二つの円による自画像

　美術の世界における，まったく異なる円の使いかたが，レンブラント（1606〜1669）の晩年，財産をほとんど失った頃の自画像にある。

　これはおそらくレンブラントが最も大事にしていた作品で，本人の死までアトリエに掛けられていた。第一印象は，巨匠が厳かに自分の才能を認めているという感覚だ。背景の象徴的な二つの円と丸い顔の精密な細部が人生の力強さを内包している一方，自分の衣服や手は大まかな筆致で塗っていて，絵具を厚く塗り重ねて本来の形がなくなってしまうほ

図A.6　レンブラント「イーゼルの前の自画像」(1660)

どだ。奇妙なことに，パレットは丸くなく，長方形になっている——おそらく顔を丸く見せ，背後の二つのまがうかたなき円にさらに似た感じにするためだろう。もしかすると二つの円が描き込まれたのは，この巨匠自身の二つの水準を表わすためかもしれない——私生活の水準と，芸術家としての水準である。レンブラントの自画像は，人生の浮き沈みを表現しているものが多いと言われている。この特定の絵は，富と名声を築いた時期ののちに没落し，深淵の縁にいる人物を描いている。しかし，喜びがないわけでもなさそうだ。画家は賢い老人にこそ見えど，人生に失敗して苦悩に満ちた人物には見えない。研究者たちのあいだでは，この絵が完成しているのか否か，未だ判定がついていない。画家の白い帽子の下の影のある眼は「私から得られるものはもはや何もない」と言っているようにも見える。

　オーストリアの建築家グスタフ・パイヒル（1928〜）は，レンブラント作品での円の使われかたに着想を得たのかもしれない。パイヒルは巨大で豪華な建築だけでなく，さまざまな大きさの住宅も設計し，とくに半円形の彫刻のように建てられた組み立て式住宅でも有名だ[13]。彼の『円という印のなかに』と題された小著では，数々の円形の下書きを見せているだけでなく，円を「建築の分子」と名づけてもいる。

原型となる円はあらゆる幾何学図形のなかでも控えめだが，精密でいくらでも変化しうる。円は緊張を有し，それ自体で他の数々の緊張を具現する。したがって，円は最大の矛盾の総合である。同心性は離心性と一個の形のなかでつりあっているが，同時に対抗もしている……円は設計のための道具である。円は建築の分子である。中心が円を胚胎し，円は中心の対象である[14]。

文学における円と球

「学生時代，数学は苦手だったな」と自慢げに語る人が多いのは不幸なことである。とはいえ，文学作品に数学の姿を見かけることは多い——詩でさえも。たとえば，円は世界中の詩でよく描かれる対象として，さまざまな形をとりつつ登場する[15]。ほんの少しだけ，例を挙げる。

アメリカの詩人で，詩を歌唱することの創始者とみなされているニコラス・ヴェイチェル・リンゼイ（1879～1931）は，子どもの頃の日々を感動的に思い出している。

昔ユークリッドは砂浜の
上に円を描いたよ
あれやこれやの角で
円を区切り，一周し
厳かな灰色の髭をはやした人々が
大いにうなづき議論していた
弧やら周やら直径やらなにやらのことを
かたわらに無口な子どもが
朝から昼まで立っていた。それで美しい
丸い月の絵が描かれていたから[16]

19世紀初頭のドイツの言語学者，フリードリヒ・リュッケルト（1788～1866）による円に関する二つの詩は，おそらく最高級の文芸作品だ。一方の詩は「円とは何か」と問う。

一つは点，もう一つは円，さらには
点と円のあいだにいくつにも分けられる中心がある。
円とは何か。それ自身のまわりを回る円
円周の曲線のように，その体と魂のように。
巨大な円を引っぱって，遠い彼方へ動かせば
点にも星にも見える。
最も小さな点を作れば，もう見えないかもしれないが
拡大鏡を使えば円へと成長する。
石を水中に投げ込み，円が広がる様子を見れば，
円がほかの円から生まれ，それが無限のかなたでつぶれる。
円が崩れれば一つ，円が決して存在しなければ一つ，
双対の輝きが衰えるとき，一つはすべてであればなり[17]。

　もう一つの詩は，円が周期の完成と時間の輪を象徴していることを示
す。時間の経過のなかで時計の刻みの高まりを表わすかのようだ。リュ
ッケルトは意識の淵源を象徴化する。それは次のような現実によって生
じる。

　円を正方形にすることは決してできぬ
　無限のものから有限のものには。
　それでも円のなかの正方形は想像できる。
　正方形のなかの円も，互いに互いへと変身するところも。
　つまり無限のものは有限のものに囲まれ
　それから無限のものが有限のもののなかに生じる。
　円が正方形に固まると，その四つの半径は静止し，
　その手は弦として伸びる。
　正方形は半径を回転させて丸くなって，
　円となり，円が揺れるとき弦も消える。
　揺れる動きの厳格な形は輪となる。
　生命の円は丸く，死に際してはすべてまっすぐに伸びる[18]。

もちろん，初等幾何学の概念は現実世界の観念を抽象化したもので，円の概念は（球の概念とともに）そのような抽象化したもののなかでも基本的なものの一つだ。だからそれは，人間が抽象的に考えるようになってからずっとある。この原始性のために，円は，人間の文化の有史以来ずっと，文化の一部であった。抽象的概念の象徴としての円，アートのなかの円，実用例としての円を見てきてわかるように，円は，至るところに存在する。

付録

付録 A

　パスカルの定理を証明するために，メネラウスの定理を使うことにする。これは，図 AA.1 にあるような配置，つまり ΔABC の辺が一直線と点 X, Y, Z で図に示したように交わるとき，次の等式が成り立つことを言う。

$$\frac{AX}{XB} \cdot \frac{BY}{YC} \cdot \frac{CZ}{ZA} = -1$$

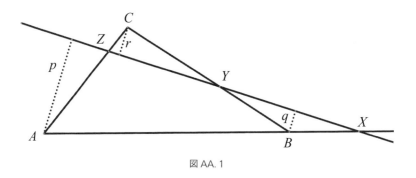

図 AA. 1

　この等式における線分は長さと方向を考慮しているので，図 AA.1 の場合，AX と XB は向きが逆なので AX/XB は負になる。ゆえに，この3項の積は負になる。さらに，この等式が AB, BC, CA それぞれの上の

3点 X, Y, Z について成り立つなら，3点は同一直線上になければなら
ない。

　これは簡単に証明できる。この式の符号は負でなければならないの
は，必ず次の2種類のどちらかになるからだ。つまり，三角形の2辺が
当該の直線と交わり（二つの比が正になる），1辺とは三角形の外側で交わ
る（一つの比が負になる）か，3辺とも三角形の外側で交わって三つの比が
すべて負になるか。いずれの場合にも，積はたしかに負となる。他方，
三角形の相似を用い，線分の向きは無視し，A, B, C の直線 XYZ からの
距離を図 AA.1 にあるように，それぞれ p, q, r とすると，次のことがわ
かる。

$$\frac{AX}{XB} \cdot \frac{BY}{YC} \cdot \frac{CZ}{ZA} = \frac{p}{q} \cdot \frac{q}{r} \cdot \frac{r}{p} = 1$$

　逆も成り立つことは，直線 XY を考えて，それが AC と交わって Z'
ができ，その結果が Z と Z' の両方に成り立つこと，つまり $Z = Z'$ を確

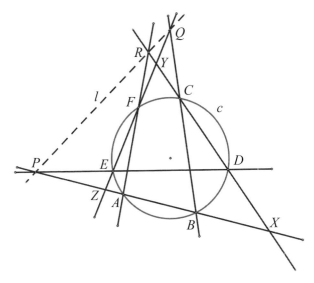

図 AA. 2

かめることで導かれる。

そこで、これをパスカルの定理にあてはめられる。図 AA.2 では、A, B, C, D, E, F が、円 c 上の点で、$P = BC \cap DE, Q = BC \cap EF, R = CD \cap FA$ が求められるように定義される。

そこで新たに次の 3 点も定義する。

$$X = AB \cap CD, \quad Y = CD \cap EF, \quad Z = EF \cap AB$$

メネラウスの定理を、$\triangle XYZ$ について直線 ED にあてはめると、

$$\frac{XD}{DY} \cdot \frac{YE}{EZ} \cdot \frac{ZP}{PX} = -1$$

$\triangle XYZ$ について、直線 BC にあてはめると、

$$\frac{XC}{CY} \cdot \frac{YQ}{QZ} \cdot \frac{ZB}{BX} = -1$$

$\triangle XYZ$ について、直線 FA にあてはめると、

$$\frac{XR}{RY} \cdot \frac{YF}{FZ} \cdot \frac{ZA}{AX} = -1$$

この三つの等式をかけ合わせると、次のようになる。

$$\left(\frac{XD}{DY} \cdot \frac{YE}{EZ} \cdot \frac{ZP}{PX} \right)\left(\frac{XC}{CY} \cdot \frac{YQ}{QZ} \cdot \frac{ZB}{BX} \right)\left(\frac{XR}{RY} \cdot \frac{YF}{FZ} \cdot \frac{ZA}{AX} \right) = -1$$

これは次のようにも書ける。

$$\frac{XR}{RY} \cdot \frac{YQ}{QZ} \cdot \frac{ZP}{PX} \cdot \frac{XD \cdot XC}{AX \cdot BX} \cdot \frac{YF \cdot YE}{CY \cdot DY} \cdot \frac{ZA \cdot ZB}{EZ \cdot FZ} = -1$$

方べきの定理[1]により、$XD \cdot XC = AX \cdot BX$, $YF \cdot YE = CY \cdot DY$, $ZA \cdot ZB = EZ \cdot FZ$ が得られ、これは上の等式が次に帰着できることを意味する。

$$\frac{XR}{RY} \cdot \frac{YQ}{OZ} \cdot \frac{ZP}{PX} \cdot 1 \cdot 1 \cdot 1 = -1 \Leftrightarrow \frac{XR}{RY} \cdot \frac{YQ}{QZ} \cdot \frac{ZP}{PX} = -1$$

これはまさしくメネラウスの定理が成り立つために必要な性質であり，したがって P, Q, R は同一直線 l 上にある。

付録 B

第 3 章では，ブリアンションの定理をパスカルの定理に双対なものとして紹介した。今度は根軸〔後述されるが，与えられた二つの円への接線の長さが等しい点から成る直線。二つの円が交わる場合，その交点を結ぶ直線〕の重要な性質を確かめて，それをおいおいブリアンションの定理の証明に使おう。

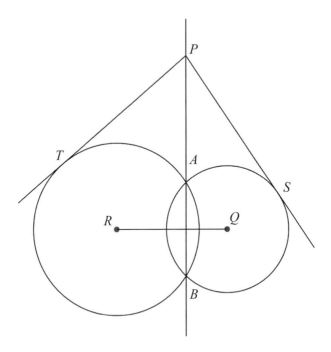

図 AB. 1

二つの円 R と Q（図 AB.1）が点 A, B で交わっているところを考える。点 P は直線 AB 上にあって，A と B のあいだにはない任意の点であり，直線 PT と PS は中心 R と Q の円にそれぞれ点 T と S で接する接線である。

初等幾何学から，PT は PB と PA の比例中項であることがわかる。ゆえに，$PT^2 = PB \cdot PA$ となる。円 Q についても同様で，$PS^2 = PB \cdot PA$ となる。そこで $PT = PS$ が導かれる。

P は AB の外側にあるどんな点でもよいので，AB の外側にあるどの点からでも，円 R と円 Q への接線による線分は等しい。

これを軌跡についての定理として立てる前に，円 R と Q に対する同じ長さの接線を生成する任意の点 P は AB 上になければないことを証明する必要がある。そこで，点 P は接線線分 PT と PS が同じとなる任意の点とする。PA は円 R と点 B で交わり，円 Q と点 B' で交わるとする。先と同様，$PB \cdot PA = PT^2$ かつ $PB' \cdot PA = PS^2$ である。$PT = PS$ なので，$PB = PB'$ が言える。ゆえに，B と B' は一致しなければならず，P は両円の共通の割線 PA 上にある。二つの円に引いた二つの等しい接線線分の共通の端点が描く直線を，二つの円の根軸と呼ぶ。

これでこの結果を定理として立てられる。

定理 B.1 二つの交わる円の根軸は両円の共通割線である。

これは，接する二つの円の根軸が両円の共通の接線であることからただちに導かれる。二つの交わらない円の根軸を調べる前に，次の定理を考える必要がある。

定理 B.2 2 定点からの距離の平方の差が定数となる点の軌跡は，2 定点で決まる線分に直交する。

証明 R と Q を定点とし，P は軌跡上の点とする（図 AB.2）。PR と PQ を引き，$PN \perp RQ$ を作図する。三平方の定理から，次が得られる。

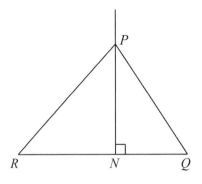

図 AB. 2

$$PR^2 - RN^2 = PN^2 \text{ かつ } PQ^2 - QN^2 = PN^2$$

ゆえに

$PR^2 - RN^2 = PQ^2 - QN^2$ である。また，
$PR^2 - PQ^2 = RN^2 - QN^2 = k$ とし，
$RQ = d$ とする。すると上の右辺から，

$$(RN + QN)(RN - QN) = k$$
$$d(RN - QN) = k$$

$$RN - QN = \frac{k}{d} \qquad (\mathrm{I})$$

もともと次の関係がある。

$$RN + QN = d \qquad (\mathrm{II})$$

等式（I）と（II）を連立方程式として解くと，次が得られる。

$$RN = \frac{d^2 + k}{2d}$$

および

$$QN = \frac{d^2 - k}{2d}$$

となり，これにより N の位置が決まる。

d と k はどの状況についても一定なので，P は RQ に N で直交する直線上になければならず，N は RQ を次の比に分割する。

$$\frac{RN}{QN} = \frac{d^2 + k}{d^2 - k}$$

この軌跡についての証明を，PN 上の任意の点が与えられた条件を満たすことを示して導いてもよい。これは読者に任せよう。

定理 B.2 から，根軸についてさらに調べることができる。ここで，二つの交わらない円の根軸を求めなければならない。直感的には次の定理が予想されるだろう。

定理 B.3 二つの交わらない円の根軸は両円の中心を結ぶ直線に垂直である。

証明 まず，r と q を円 R と Q それぞれの半径とする。P を求める軌跡上の点，つまり接線線分 PT および PS が同じであるような点とする（図 AB.3）。

ΔPTR と ΔPSQ に三平方の定理を当てはめることによって，

$$PR^2 - r^2 = PT^2, \quad \text{かつ} \quad PQ^2 - q^2 = PS^2 \ \text{となる。}$$

ところが $PT = PS$ なので，

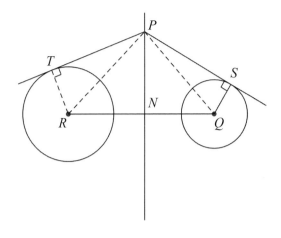

図 AB. 3

$$PR^2 - r^2 = PQ^2 - q^2, \ \text{つまり} \ PR^2 - PQ^2 = r^2 - q^2$$

この等式の右辺は一定なので，P の軌跡は，点 P を含み，中心線 RQ に垂直な直線であると言える[2]。

先の証明で使われたものに似た形で，N の位置を二つの円の半径と中心間の距離から求められる。

先の定理から直接導かれるものとして，次のことが言える。

定理 B. 4　中心が同一直線上にない 3 個の与えられた円の根軸は 1 点で交わる。

証明　中心が R, Q, U の，根軸が AB, CD, EF となる円を考えよう（図 AB.4）。P を AB と CD の公転とする。円 R と Q の根軸 AB を使うと，$PT = PS$ となる。円 Q と U の根軸 CD を使うと，$PV = PS$ となる（念のために言うと，PT, PS, PV は与えられた円に接する）。したがって $PT = PV$ で，これは P が円 R と U の根軸 EF 上になければならないことを示し，三つの根軸が一つの点 P を通ることになる。

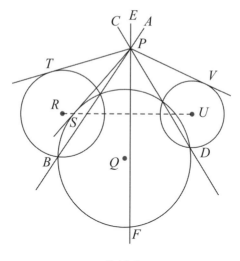

図 AB. 4

　これで先に述べたような，ブリアンションの定理を証明する準備が整った。ここで用いる証明は，A. S. スモゴルジェフスキーによる（A. S. Smogorzhevskii, *The Ruler in Geometrical Constructions* [New York：Blaisdell, 1961], pp. 33-35）。

　定理 B. 5　円に六角形が外接するなら，向かい合う頂点を結ぶ 3 直線は 1 点で交わる（ブリアンションの定理）。

証明　図 AB. 5 に見られるように，六角形 $ABCDEF$ の辺は円に $T, N,$ L, S, M, K で接する。点 K', L', N', M', S', T' は，それぞれ $FA, DC, BC,$ FE, DE, BA 上に，$KK' = LL' = NN' = MM' = SS' = TT'$ となるように選ばれる。

　今度は点 P を中心とし，BA と DE にそれぞれ点 T' と S' で接する円を作図する（この円が存在することは簡単に確かめられる）。

　同様に，Q を中心とし，FA と DC にそれぞれ点 K' と L' で接する円を作図し，さらに，R を中心とし，FE と BC にそれぞれ M' と N' で接

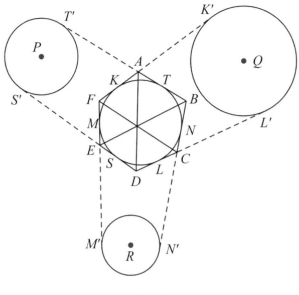

図 AB. 5

する円を作図する。

　1 個の円に対して外部の 1 点から引いた 2 本の接線線分の長さは等しいので，$FM = FK$ となる。すでに $MM' = KK'$ はわかっている。ゆえに足し算すれば，$FM' = FK'$ となる。同様にして，$CL = CN$ かつ $LL' = NN'$ なので，引き算すれば，$CL' = CN'$ が得られる。

　点 F と C は，それぞれ R と Q を中心とする円に対する一対の同じ長さの接線の，線分の端点であることがわかる。するとこの点は，中心を R と Q とする円の根軸 CF を決める。

　同じ手法を使えば，AD は点 P と Q を中心とする円の根軸で，BE は点 P と R を中心とする円の根軸であることがわかる。

　すでに，中心が同一直線上にない円の（二つずつ一組にした）根軸は，1 点で交わることは証明した（定理 B. 4）。ゆえに，CF, AD, BE は 1 点で交わる。

　この円の中心が同一直線上にあるとすれば，対角線が一致する場合し

かないことに注目するとよい。もちろんそれはありえない。

付録 C

第3章では，七円定理を証明の補助として，次の結果を使った。

c を中心が O で半径 R の円とする。c_1 と c_2 は，それぞれ中心が O_1 と O_2 で，半径が r_1, r_2 の円とし，この二つの円は，それぞれ点 P_1 と P_2 で円 c に内接することとする。さらに，円 c_1 と c_2 は，点 T で互いに外接する。すると次が得られる。

$$\frac{P_1 P_2^2}{4R^2} = \frac{r_1}{R - r_1} \cdot \frac{r_2}{R - r_2}$$

この結果は次のようにして証明できる。図 AC.1 に示したように，まず $P_1 T$ を延長して円 c に A で交わるとし，$P_2 T$ を延長して円 c に点 B で交わるようにする。

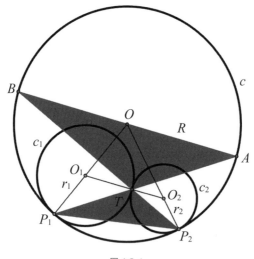

図 AC. 1

$\Delta O_1 P_1 T$ と $\Delta O P_1 A$ はともに二等辺三角形であり（$O_1 P_1$ と $O_1 T$ はそれぞ

れ円 c_1 の半径であり，OP_1 と OA はともに円 C の半径），P_1 が共通の角であることに注目すると，$\angle P_1 AO = \angle AP_1 O = \angle P_1 TO_1$ となる。したがって，OA は $O_1 T$ に平行となり，同様に OB は $O_2 T$ に平行。$\Delta O_2 P_2 T$ と $\Delta OP_2 B$ はともに頂角 P_2 が共通の二等辺三角形である。O_1, T, O_2 は同一直線上にあるので，A, O, B も同一直線上になければならない。

これで，図 AC.1 で影をつけた部分 ΔTAB と $\Delta TP_2 P_1$ をよく見ると，この二つは相似である。$\angle ATB$ と $\angle P_1 TP_2$ は T での対頂角で等しく，$\angle BAT$ と $\angle BP_2 P_1$ はともに同じ弧 BP_1 の円周角なので，$\angle BAT = \angle BAP_1 = \angle BP_2 P_1 = \angle TP_2 P_1$ となる。そこで次が得られる。

$$\frac{P_1 P_2}{AB} = \frac{P_1 T}{BT} = \frac{P_2 T}{AT}$$

A, O, B は同一直線上にあるので，$AB = 2R$ が得られ，そこで

$$\frac{P_1 P_2}{2R} \cdot \frac{P_1 P_2}{2R} = \frac{P_1 T}{BT} \cdot \frac{P_2 T}{AT} = \frac{P_1 T}{AT} \cdot \frac{P_2 T}{BT} = \frac{O_1 P_1}{OO_1} \cdot \frac{O_2 P_2}{OO_2}$$
$$= \frac{r_1}{R - r_1} \cdot \frac{r_2}{R - r_2}$$

となり，これは望んでいた次の式と同等である。

$$\frac{P_1 P_2^2}{4R^2} = \frac{r_1}{R - r_1} \cdot \frac{r_2}{R - r_2}$$

付録 D

第3章では，次の作図によるフォード円を定義した。

まず互いに接する同じ大きさの円 c_1 と c_2 をとり，二つの円に共通の接線 t を引く。一方の円の接点を数直線上の 0 として，もう一方の円の接点を 1 とする。ここから，この数直線と二つの円に接する円を加えていく。次の円は，すでに存在する二つの円と数直線に接するように描き加えていく。こうすると，無限に円が加えられるが，そのすべてが数直

線上の 0 と 1 のあいだで接する。

　この無限にある円すべての数直線との接点は，0 と 1 のあいだの有理数である。この手順でできた円には，無理数の点で数直線に接するものはなく，逆にすべての有理数は，これでできる何らかの円にとっての接点である。

　なぜそうなるのかを確認するために，まずは少し一般的な状況に注目しよう。

　二つの互いに外接する円 c_1 と c_2 があり，共通の接線 t との接点をそれぞれ C_1, C_2 として，$C_1C_2 = d$ とする（図 AD.1）。

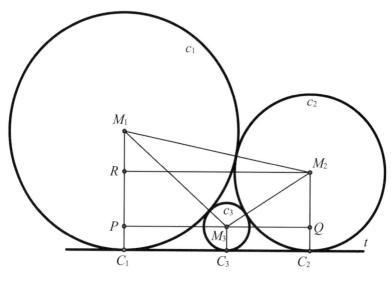

図 AD.1

　それぞれの半径を r_1, r_2 で表わすことにする。そこで第三の円 c_3（半径は r_3）を，c_1 と c_2 と t の隙間に，c_1 と c_2 に接し，t には点 C_3 で接するように置く。そこで r_3 と $x = C_1C_3$ を計算して r_1, r_2, d で表わそう。

　図の左側では，三平方の定理を三角形 M_1M_3P に適用すると，$(r_1 + r_3)^2 = (r_1 - r_3)^2 + x^2$ が得られ，$4r_1r_3 = x^2$ となる。

同様に，三平方の定理を $\Delta M_2 M_3 Q$ にあてはめると，$4r_2 r_3 = (d-x)^2$ が得られ，また同様に三平方の定理を $\Delta M_1 M_2 R$ にあてはめると，$4r_1 r_2 = d^2$ が得られる。$x+(d-x)=d$ であり，等式の両辺を平方すると，次が得られる。

$$x^2 + 2x(d-x) + (d-x)^2 = d^2 \text{ つまり}$$
$$4r_1 r_3 + 2\sqrt{4r_1 r_3}\sqrt{4r_2 r_3} + 4r_2 r_3 = 4r_1 r_2$$

これは $r_3(r_1 + \sqrt{4r_1 r_2} + r_2) = r_1 r_2$ と同値である。

$4r_1 r_2 = d^2$ なので，$r_3 = \dfrac{r_1 r_2}{r_1 + d + r_2}$ が得られる。

この予備的な結果を使うと，先に述べたように，すべての有理数がフォード円の接点になることがわかる。

このことを，任意の点 $\dfrac{p}{q}$（p と q は互いに素）が，半径 $\dfrac{1}{2q^2}$ のフォード円が数直線と接するときの接点であることを示して証明する。これは q についての数学的帰納法を用いて示す。

$q=1$ については，関係する点は $\dfrac{0}{1}=0$ と $\dfrac{1}{1}=1$ だけで，それぞれ最初からフォード円の接点として与えられている。この元の円の半径は $\dfrac{1}{2} = \dfrac{1}{2 \cdot 1^2}$ であり，ゆえにたしかに命題は成り立つ。

そこで何らかの正の整数 $\bar{q}$ を考え，$q < \bar{q}$ となるすべての値について命題が成り立つと仮定する。そこで $\bar{q}$ についても成り立つのであれば，証明は完成する。

この目的のために，p と $\bar{q}$ が互いに素の（かつ $0 < p < \bar{q}$）有理数 $\dfrac{p}{\bar{q}}$ を考える。p と $\bar{q}$ は互いに素なので，$0 < k \leq p$ かつ $0 < n < \bar{q}$ となり，$k\bar{q} - np = 1$ となる整数 k と n が存在する（このことは，二つの数の最大公約数を求め，したがって最大公約数の倍数を，与えられた数の一次結合として求められるようにする，ユークリッドの互除法から導かれる初等的数論の結果。たとえば，$p=3, \bar{q}=5$ とすると，$2 \cdot 5 - 3 \cdot 3 = 1$ が得られる。これは $0 < 2 \leq 3$ かつ $0 < 3 < 5$ で，$k=2, n=3$ ということ）。

そこで $r = p-k$ と $s = \bar{q}-n$ を定義する。r と s はたしかに負ではないので，$0 \leq \dfrac{r}{s}$ である。$k\bar{q} - np = 1$ なので，$k\bar{q} > np$ となり，これは $\dfrac{k}{n} > \dfrac{p}{\bar{q}}$ と同じことになる。さらに，

$$sp - r\bar{q} = \bar{q}p - np - p\bar{q} + k\bar{q} = k\bar{q} - np = 1$$

なので，$sp > r\bar{q}$，つまり $\dfrac{p}{q} > \dfrac{r}{s}$ となる。最後に，

$$k = \frac{1 + np}{\bar{q}} \leq \frac{n + np}{\bar{q}} = n \cdot \frac{1 + p}{\bar{q}} \leq n$$

も得られ（$p < \bar{q}$ なので），ゆえに，$\dfrac{k}{n} \leq 1$ となる。したがって，$0 \leq \dfrac{r}{s} < \dfrac{p}{q} < \dfrac{k}{n} \leq 1$ となる。

ここで，$sp - r\bar{q} = k\bar{q} - np = 1$ が成り立つので，r と s は k と n と同じく互いに素であることに注目しよう。また，$0 < n < \bar{q}$，かつ $0 < s < \bar{q}$ になるので，帰納法で仮定した分数 $\dfrac{r}{s}$ と $\dfrac{k}{n}$ について成り立つ。つまり，$\dfrac{r}{s}$ は半径 $r_s = \dfrac{1}{2s^2}$ のフォード円 c_s の接点であり，$\dfrac{k}{n}$ も同様に，半径 $r_n = \dfrac{1}{2n^2}$ のフォード円 c_n の接点である。

円 c_s と c_n は，

$$\frac{k}{n} - \frac{r^2}{s} = \frac{(ks - rn)^2}{n^2 s^2} = \frac{(k\bar{q} - kn - pn + kn)^2}{n^2 s^2} = \frac{(k\bar{q} - np)^2}{n^2 s^2} = \frac{1}{n^2 s^2}$$
$$= 4 r_s r_n$$

が成り立つので，たしかに接する。したがって，今度は c_s, c_n と数直線に接する小さな円 c_new の半径 r_new を計算できる。得られるのは，

$$r_\text{new} = \frac{r_s r_n}{r_s + \dfrac{k}{n} - \dfrac{r}{s} + r_n} = \frac{\dfrac{1}{2s^2} \cdot \dfrac{1}{2n^2}}{\dfrac{1}{2s^2} + \dfrac{1}{ns} + \dfrac{1}{2n^2}} = \frac{1}{2n^2 + 4ns + 2s^2}$$
$$= \frac{1}{2(n + s)^2} = \frac{1}{2\bar{q}^2}$$

さらに，x を c_new が数直線に接する点とすれば，

$$x - \frac{r^2}{s} = 4 \cdot r_s \cdot r_\text{new} = 4 \cdot \frac{1}{2s^2} \cdot \frac{1}{2\bar{q}^2} = \frac{1}{s^2 \bar{q}^2}$$

も得られるので,

$$x = \frac{r}{s} + \frac{1}{s\bar{q}} = \frac{r\bar{q}+1}{s\bar{q}} = \frac{sp}{s\bar{q}} = \frac{p}{q}$$

ゆえに,c_{new} は半径 $\dfrac{1}{2\bar{q}^2}$ のフォード円となる。これで望みどおり,数直線と $\dfrac{p}{q}$ で接するので,帰納法が完成する。

付録 E

円充塡の節で述べた話を思い出していただくと,図 AE.1 のように,8本の缶を詰めた正方形の箱の一辺の長さは,缶の直径の

$$1 + \frac{\sqrt{2}}{2} + \frac{\sqrt{6}}{2} \approx 2.93 \text{ 倍となる。}$$

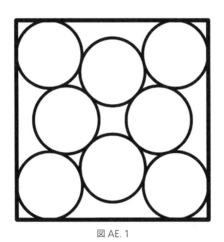

図 AE. 1

これは,次の図 AE.2 のように分析できる。

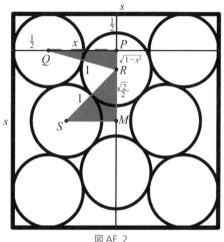

図 AE. 2

点 Q, R, S はそれぞれの円の中心で，M は外側を囲む正方形の中央の点である。Q と M を通り，正方形の辺に平行な直線を引き，両者の交点を P とする。円の直径を 1 とすると，正方形の辺から Q と P の距離は，示されているとおり，$\frac{1}{2}$ となる。さらに，正方形の辺の長さを s とし，P と Q の距離を x とする。

円はすべて接するので，QRS は辺の長さ 1 の正三角形となる。また，図の対称性から，RSM は直角二等辺三角形であり，その斜辺の長さは 1 なので，辺 MR の長さは $\frac{\sqrt{2}}{2}$ となる。PQR は直角三角形なので，$PR = \sqrt{1-x^2}$ である。さらに，QM は正方形の対角線なので，PQM も直角二等辺三角形で，$PQ = PM$ が言える。つまり，$x = \sqrt{1-x^2} + \frac{\sqrt{2}}{2}$ である。これは $4x^2 - 2x\sqrt{2} - 1 = 0$ のことなので，$x = \frac{\sqrt{2}+\sqrt{6}}{4}$ となる。$s = 1 + 2x$ から，$s = 1 + \frac{\sqrt{2}}{2} + \frac{\sqrt{6}}{2} \approx 2.93$ が得られる。

付録 F

第 4 章では，円のなかに 8 個の等しい円を最適充塡する場合，小さい円の半径は，大きい円の

$$\left(1+\frac{1}{\sin\left(\dfrac{180°}{7}\right)}\right)^{-1} \approx 0.302 \text{ 倍になること,}$$

したがって，大きい円のうちの，小さい円が被う部分の面積比は約 0.7325 であることを述べた。これは次のような計算から導かれる。

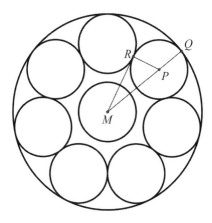

図 AF. 1

　図 AF.1 において，M は大きい円の中心であり，P は大きい円に Q で接する小さい円の中心であり，R は P を中心とする円とその隣の円の接点である。MR は P を中心とする円の接線なので，PMR は直角三角形であり，外側の円に接する 7 個の小さい円はすべて同じ大きさなので，$\angle M$ は 1 周の 7 分の 1 の半分，つまり $\dfrac{180°}{7}$ に等しい。小さい円の半径が 1 に等しいとすれば，

$$PM = \frac{1}{\sin\left(\dfrac{180°}{7}\right)} \text{ が導かれ,} \quad MQ = 1 + \frac{1}{\sin\left(\dfrac{180°}{7}\right)} \text{ となる。}$$

　ゆえに，大きい円の半径を 1 とすれば，小さい円の半径は，この数の

逆数になる。

大きい円の面積は，$\pi \cdot 1^2 = \pi$ に等しく，小さい円の面積の総計は，$8 \cdot \pi \cdot 0.3026^2 \approx \pi \cdot 0.7325$ なので，先の数が成り立つことがわかる。

付録 G

辺の長さ1の正三角形が与えられているとして，図 AG.1 に，1個，2個，3個の円の場合の，最適充塡の形を示す。2個と3個の場合，円の大きさはすべて等しい。

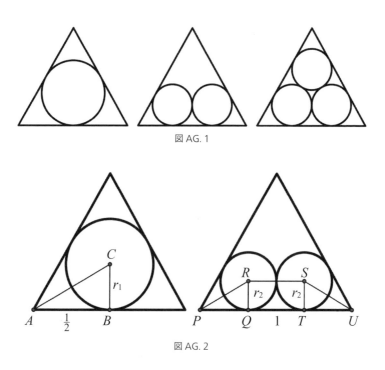

図 AG. 1

図 AG. 2

円の半径を計算するために，次のように考えてみよう。

図 AG.2 の左図を見れば，最大の円が正三角形に内接していることがわかる。この内接円の半径 r_1 を求める簡単な方法は，図に示された ΔABC を考えることによる。点 A は正三角形の頂点で，B は内接円と

正三角形の辺との接点，C は円の中心となる点。AC は正三角形の内角 $60°$ を二等分するので，ABC は角が $30°$, $60°$, $90°$ の三角形となり，したがって，辺 AB と BC について，$BC : AB = 1 : \sqrt{3}$ となる。

AB は正三角形の辺の半分であり，$BC = r_1$ なので，$r_1 : \dfrac{1}{2} = 1 : \sqrt{3}$ となり，したがって $r_1 = \dfrac{\sqrt{3}}{6}$ となる。

右図の，二つの最大の円が内接している図でも類似の状況が得られる。この円の半径を r_2 で表わす。R と S は二つの円の中心で，Q と T は共通に接する辺とのそれぞれの接点であり，P と U は正三角形のその辺の端点である。$QRST$ は長方形なので，$QT = RS = 2r_2$ となる。また，ΔPQR と ΔSTU は角が $30°$, $60°$, $90°$ なので（図の ΔABC にあるような），$PQ = TU = \sqrt{3}\,r_2$ も得られる。すると，

$$1 = PU = PQ + QT + TU = \sqrt{3}\,r_2 + 2r_2 + \sqrt{3}\,r_2 = (2 + 2\sqrt{3})r_2$$

となるので，以下のように計算される。

$$r_2 = \frac{1}{2 + 2\sqrt{3}} = \frac{\sqrt{3} - 1}{4}$$

付録 H

平面における円充塡の密度を計算するべく，図 AH.1 にあるような六角形の内部を考える（平面全体は，蜂の巣のように六角形で覆えることを思い出そう）。

円の半径はすべて 1 と仮定すると，六角形の一辺の長さは 2 となる。正六角形は，図 AH.2 にあるように六つの正三角形に分けられるので，六角形の面積は，辺の長さ 2 の正三角形の面積の 6 倍となる。

三平方の定理によって，そのような三角形の高さは $\sqrt{2^2 - 1^2} = \sqrt{3}$ となるので，六角形の面積は $6 \cdot \dfrac{1}{2} \cdot 2 \cdot \sqrt{3} = 6\sqrt{3}$ である。

六角形には円の一つが完全に収まる。また，さらに 6 個の扇形が六角形の内側にあり，それぞれの扇形は，円全体の $\dfrac{1}{3}$ である。したがって，六角形の内側の円で覆われる部分は，円まるごと 3 個分ということにな

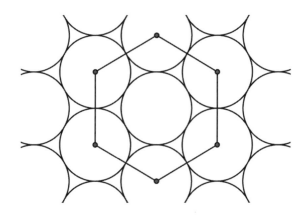

図 AH. 1

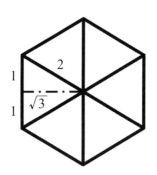

図 AH. 2

る（$\frac{1}{3}$ が 6 個と，まるごと 1 個）。円の半径は 1 なので，この面積は $3 \cdot \pi \cdot 1^2$ ＝ 3π である。したがって，六角形のなかの円で覆われる部分の割合は $\frac{3\pi}{6\sqrt{3}} = \frac{\pi}{2\sqrt{3}}$ となり，これはどの六角形にも共通なので，円充塡によって覆われる平面の比率は，$\frac{\pi}{2\sqrt{3}} \approx 0.907$ となる。

註

序

1. A. S. Posamentier and I. Lehmann, *The Secrets of Triangles* (Amherst, NY Prometheus Books, 2012) 参照。
2. A. S. Posamentier and I. Lehmann, *Pi: The Biography of the World's Most Mysterious Number* (Amherst, NY: Prometheus Books, 2004). 〔『不思議な数 π の伝記』松浦俊輔訳, 日経 BP 社, 2005〕

第 1 章　基礎と拡張

1. 円の場合, 幅は直径だが, ルーローの三角形においては, 幅は三角形の頂点から, 向かい合う円弧までの距離である。
2. 目盛のある台に固定されたアームと可動のアームがついていて, 円形の物体の直径を測定するために使う道具。
3. これはよく使われる重要な公式なので, おぼえておくとよい。三平方の定理を使って高さを求め, 単純に三角形の面積の公式, 底辺×高さ÷2 とする。
4. W. Blaschke, "Konvexe Bereiche Gegebener Konstanter Breite und Kleinsten Inhalts," *Math. Ann.* 76 (1915): 504-13.
5. ハリー・ジェームズ・ワットは, 有名な発明家ジェームズ・ワット (1736〜1819) の子孫である。

第 2 章　幾何学における特別な役割

1. 三平方の定理については, A. S. Posamentier, *The Pythagorean Theorem: The Story of Its Power and Beauty* (Amherst, NY: Prometheus

Books, 2010）を参照。

2. 以下の証明は，A. S. Posamentier and C. T. Salkind, *Challenging Problems in Geometry*（New York: Dover Publications, 1996）にある。

3. これが言えるのは，三角形 *BCF* が長方形の半分で，点 *A′* はその長方形の対角線の交点であり，頂点 *B, C, F* から等距離にあるからだ。

4. この定理の何通りかの証明は，Roger A. Johnson, *Modern Geometry*（Boston: Houghton, Mifflin, 1929）, pp. 200-205 で確認できる。

第 3 章　定理

1. 円錐曲線とは，円，楕円，双曲線，放物線のこと。

2. C. J. A. Evelyn, G. B. Money-Coutts, and J. A. Tyrrell, "The Seven Circles Theorem," §3.1 in *The Seven Circles Theorem and Other New Theorems*（London: Stacey International, 1974）, pp. 31-42.

3. 同前

4. D. Ivanov and S. Tabachnikov, "The Six Circles Theorem Revisited," https://www.math.psu.edu/tabachni/prints/Circles.pdf（2015 年 11 月 6 日閲覧）

第 4 章　円充塡問題

1. U. Pirl, "Der M indestabstand von n in der Einheitskreisscheibe gelegenen Punkten," *Mathematische Nachrichten* 40（1969）: 111-24.

2. L. F. Toth, "Über die Dichteste Kugellagerung," *Mathematik Zeitschrift* 48（1943）: 676-84.

3. Robert J. Lang, "TreeMaker," http://www.langorigami.com/science/computational/treemaker/treemaker.php（2015 年 1 月 26 日閲覧）

第 5 章　辺に接する

1. 下の図で，$w = \frac{1}{2}(a-b)$ を示す。

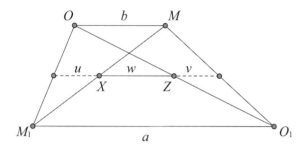

三角形の2辺の中点を結ぶ線分は残りの一辺の半分なので，ΔMM_1O_1 について，$w+v=\dfrac{1}{2}a$ が得られ，ΔM_1OO_1 については $w+u=\dfrac{1}{2}a$ が得られる。二つの式を足すと，$2w+v+u=a$ となる。$u=\dfrac{1}{2}b$，および $v=\dfrac{1}{2}b$ なので，先の式に代入すると次が得られる。

$$2w+\frac{1}{2}b+\frac{1}{2}b=a, \quad \text{したがって } w=\frac{1}{2}(a-b)$$

第8章　マスケローニの作図法——コンパスだけで

1. この定理の証明については，Alfred S. Posamentier and Charles T. Salkind, *Challenging Problems in Geometry* (New York: Dover, 1996), p. 217.

2. Jakob Steiner, *Geometrical Constructions with a Ruler, Given a Fixed Circle and Its Center*, Scripta Mathematica Studies 4, trans. M. E. Stark (New York: Yeshiva University, 1950). A. S. Smogorzhevskii, *The Ruler in Geometrical Constructions*, trans. H. Moss (New York: Blaisdell Publishing, 1961). 〔『定木による作図，コンパスによる作図』安香満恵・矢島敬二・松野武訳，東京図書，1960——二人の著者それぞれの本を一冊にまとめた翻訳書〕

第 10 章　転がる円——内サイクロイド，外サイクロイド

1. 漸近線は，「与えられた曲線に限りなく近づく直線または曲線」と定義される。Wolfram MathWorld, "Asymptote," http://mathworld. wolfram.com/Asymptote.html（2016 年 1 月 27 日閲覧）。

2. ウィキペディアでは，「包絡線」が，「与えられた曲線族と接線を共有する曲線，すなわち与えられた（一般には無限個の）すべての曲線たちに接するような曲線」〔下記 URL の記事に対応する日本語版より〕と定義されている。Wikipedia, "Envelope（Mathematics）" の項，https://en.wikipedia.org/wiki/Envelope_(mathematics)（2016 年 1 月 27 日閲覧）

　「火線」は，「曲面あるいは物体によって反射した光線の包絡線，あるいはその包絡線を別の面に投影したもの」と定義される。Wikipedia, "Caustic（Optics）" の項，https://en. wikipedia. org/wiki/Caustic_(optics)（2016 年 1 月 27 日閲覧）

　つまり火線は光線の一つひとつが接線となり，したがって光線の包絡線の境界を表わすような曲線あるいは曲面ということになる。

第 11 章　球面幾何学

1. この「古典的」な問題が初めて発表されたのは以下の文献である。Henry Ernest Dudeney, "The Paradox Party: A Discussion of Some Queer Fallacies and Brain-Twisters," *Strand Magazine* 38, no. 228, ed. George Newnes（December 1909）: 670-76.

2. ほかの例や同様の問題に関する解説については，Alfred S. Posamentier and Ingmar Lehmann, *Pi: A Biography of the World's Most Mysterious Number*（Amherst, NY: Prometheus Books, 2004）, pp. 222-43, 305-308 を参照〔前掲『不思議な数 π の伝記』〕。

後記　円文化論入門

1. Wikipedia, "Noli turbare circulos meos!" の項，https://en.wikipedia. org/wiki/Noli_turbare_circulos_meos（2015 年 6 月 13 日更新／2015

年9月14日閲覧）

2.「確率論的」とは，ランダムに決まるという意味。つまり，確率分布がランダムになっていたり，統計学的に分析できるパターンがあるが，正確に予測はできない。

3. Wikipedia, "Lune of Hippocrates" の項，https://en.wikipedia.org/wiki/une_of_Hippocrates（2014年12月20日更新／2015年9月14日閲覧）。

4. Wikipedia, "Archimedes" の 項，https: //en. wikipedia. org/wiki/Archimedes（2015年8月11日更新／2015年9月14日閲覧）
Wikipedia, "Measurement of a Circle" の項，https://en.wikipedia.org/wiki/Measurement_of_a_Circle（2015年7月5日更新／2015年9月14日閲覧）。

5. Dante Alighieri, *Divine Comedy*, Paradise, canto 33, end.〔『神曲　天国篇』原基晶訳，講談社学術文庫，2014，第33歌末尾，pp. 504-505を引用〕

6. Dante Alighieri, *Divine Comedy*, Paradise, canto 14, beginning.〔前掲『神曲　天国篇』第14歌冒頭，p. 208を引用〕

7. Thomas Aquinas, *Declaratio quorundam articulorum*（1521）, op. 2.

8. Richard Crashaw, *In the Glorious Epiphany of Our Lord God, a Hymn Sung as by Three Kings*, ed. L. C. Martin（Oxford: Clarendon, 1957）, p. 254f.

9. Angelus Silesius, *Sämtliche poetische Werke*, ed. David August Rosenthal（Regensburg: Manz, 1862）, p. 68.

10. Thomas Traherne, *Centuries of Meditation*, ed. B. Dobell（London: Dobell, 1908）, p. 136.

11. Rainer M aria Rilke, *Selected Poems*, ed. and trans. Stanley Appelbaum（Mineola, NY: Dover, 2011）, p. 11.

12. Douglas Dunham, "Some Math behind M. C. Escher's Circle Limit Patterns," http://www.d.umn.edu/~ddunham/umdmath09.pdf（2015年9月14日閲覧）

13. "Hanlo Häuser," http://www.hanlo.at/fertighaus-peichl.html（2015

年 9 月 14 日閲覧）

14. Gustav Peichl, *Im Zeichen des Kreises* (Stuttgart: Hatje, 1987), p. 50.
15. アルフレート・シュライバーの作品集はドイツ語のみの刊行だが，とくに読むに値する。Alfred Schreiber, ed., *Die Leier des Pythagoras. Gedichte aus Mathematischen Gründen* (Wiesbaden: Vieweg + Teubner Verlag/GWV Fachverlage GmbH, 2010).
16. Vachel Lindsay, "Euclid" in *The Congo and Other Poems* (New York: Macmillan, 1914).
17. Friedrich Rückert, *Die Weisheit des Brahmanen*, vol. 1 (Leipzig: Weidmann, 1836), p. 18f. 英訳はヴァルトラウト・ハシュケによる。
18. Friedrich Rückert, *Gesammelte Poetische Werke* in 12 Bänden, vol. 8 (Frankfurt: Sauerländer, 1868), p. 612 (no. 80 from the cycle "Frieden")。英訳はヴァルトラウト・ハシュケによる。

この記事の多くの部分，とくに詩の英訳をしてくれたハシュケに感謝する。

付録

1. 円は，同じ外部の点から引いた 2 本の割線を，一方の割線とその円の外側にある部分の積がもう一方の割線とその円の外側にある部分の積に等しくなるように分ける〔この問題用の表現で，外部の点からとは限らない〕。
2. この証明については，Alfred S. Posamentier, *Advanced Euclidean Geometry* (New York: John Wiley, 2002), pp. 69-70 を参照。

参考文献

Altshiller-Court, Nathan. *College Geometry*. New York: Barnes & Noble, 1952.

———. *Modern Pure Solid Geometry*. Bronx, NY: Chelsea, 1964.

Aref, M. N., and William Wernick. *Problems and Solutions in Euclidean Geometry*. New York: Dover, 1968.

Coxeter, H. S. M., and Samuel L. Greitzer. *Geometry Revisited*. Washington, DC: Mathematical Association of America, 1967.

Davies, David R. *Modern College Geometry*. Reading, MA: Addison-Wesley, 1949.

Fukagawa, Hidetoshi, and Dan Pedoe. *Japanese Temple Geometry Problems*. Winnipeg, Canada: Charles Babbage Research Center, 1989.〔『日本の幾何——何題解けますか？』森北出版，1991〕

Fukagawa, Hidetoshi, and Tony Rothman. *Sacred Mathematics—Japanese Temple Geometry*. Princeton, NJ: Princeton University Press, 2008.〔『聖なる数学：算額——世界が注目する江戸文化としての和算』森北出版，1990〕

Johnson, Roger A. *Modern Geometry*. Boston, MA: Houghton Mifflin, 1929.

Kimberling, Clark. *Cogressus Numerantium*. Winnipeg, Canada: Utilitas Mathematics Publishing, 1998.

Lockwood, E. H. *A Book of Curves*. Cambridge, UK: Cambridge University Press, 1961.

Pedoe, Dan. *Geometry: A Comprehensive Course*. Cambridge, UK:

Cambridge University Press, 1970.

Pirl, U. "Der Mindestabstand von n in der Einheitskreisscheibe gelegenen Punkten." *Mathematische Nachrichten* 40 (1969): 111–24.

Posamentier, Alfred S. *Advanced Euclidean Geometry*. New York: John Wiley, 2002.

———. *Geometry: Its Elements and Structure*. New York: Dover, 2014.

———. *The Pythagorean Theorem*. Amherst, NY: Prometheus Books, 2010.

Posamentier, Alfred S., and Charles T. Salkind. *Challenging Problems in Geometry*. New York: Dover, 1970.

Posamentier, Alfred S. and Ingmar Lehmann. *Pi: A Biography of the World's Most Mysterious Number*. Amherst, NY: Prometheus Books, 2004.

———. *The Secrets of Triangles*. Amherst, NY: Prometheus Books, 2012.

Smogorzhevskii, A. S. *The Ruler in Geometrical Constructions*. New York: Blaisdell Publishing, 1961.

Walser, Hans. *99 Points of Intersection*. Washington, DC: Mathematical Association of America, 2006.

Welchons, A. M., and W. R. Krickenberger. *New Solid Geometry*. Boston, MA: Ginn, 1955.

Yates, Robert C. *Curves and Their Properties*. Reston, VA: National Council of Teachers of Mathematics, 1952.

———. *A Handbook on Curves and Their Properties*. Ann Arbor, MI: J. W. Edwards, 1947.

訳者あとがき

　本書は *The Circle: A Mathematical Exploration beyond the Line*（Prometheus Books, 2016）の全訳です。著者のアルフレッド・S. ポザマンティエはニューヨーク市立大学シティカレッジの名誉教授で，ニューヨーク州の数学教育の現場における多大な貢献が評価され，同州で「数学教育者の殿堂」に入った人物です。数学関連の啓蒙書を 60 冊以上刊行しており，イングマル・レーマンとの共著『不思議な数 π の伝記』『不思議な数列フィボナッチの秘密』（いずれも拙訳，日経 BP 社）や『偏愛的数学（Ⅰ，Ⅱ）』（坂井公訳，岩波書店）など 6 冊が本書の前に邦訳され，好評を博しています。

　そのポザマンティエが，今回はオーストリアの幾何学者ロベルト・ゲレトシュレーガーとの共著で，円を主題にした本を書きました。副題のとおり，幾何学から文化史にいたるまで目配りされていますが，円だけに焦点をあててその魅力に多角的に迫る類書は，日本には意外と少ないことに気づきました。

　円周率 π についての本であれば，ポザマンティエの書いた前掲書も含めてわりあい出ています。やはり π という数はカルト的に人を惹きつけるのです。そんな π の魔術的な魅力に比べると，円という幾何学的なアプローチは地味に映るのかもしれませんが，その実，奥深い沃野が広がっています。本書では，中学校で学んだ内容をすっかり忘れた方でも円をめぐる冒険に参加できるよう，基礎知識をおさらいしてから歩みを進めます。ときには難所に出くわすかもしれませんが，ベテランガイドツアーの著者についていけば大丈夫です。学校で習う初歩的な世界のす

ぐ先にあった，美しい光景の広がる場所に読者を連れて行ってくれる本書は，アームチェアで寛ぎながら豊かな円の世界を愉しめる，充実の一冊として楽しんでいただけると思います。

　本書の翻訳は，紀伊國屋書店出版部の和泉仁士氏からの依頼で手がけることになりました。大御所ポザマンティエの本にかかわる機会を与えてくれたことに感謝いたします。また，美しいブックデザインでこの本に魔法をかけてくださった松田行正氏と杉本聖士氏にもお礼申し上げます。

2020 年 7 月　訳者識

索引

［著者］

アルフレッド・S. ポザマンティエ（Alfred S. Posamentier）

数学教育研究者，教育評論家。ニューヨーク市立大学シティカレッジ名誉
教授。数学関連の啓蒙書を60冊以上手掛けている。2009年にはニューヨー
ク州の「数学教育者の殿堂」に入り，数学教育の第一人者として州内の重要
なポストを歴任。欧州各国での表彰も多数。邦訳された共著に，『偏愛的数
学（I, II）』（岩波書店），『不思議な数πの伝記』『不思議な数列フィボナッチ
の秘密』（以上，日経BP），『数学センスが身につく本』（ディスカヴァー・トゥ
エンティワン），『数学まちがい大全集』（化学同人），『数学の問題をうまく
きれいに解く秘訣』（共立出版）がある。

ロベルト・ゲレトシュレーガー（Robert Geretschläger）

オーストリアの高校数学教師，大学非常勤講師。オーストリアの国際数学
オリンピックチームのコーチも務める。邦訳された著書に『折紙の数学』（森
北出版）がある。

［訳者］

松浦俊輔（まつうら・しゅんすけ）

名古屋工業大学助教授を経て翻訳家。名古屋学芸大学非常勤講師。主に一
般向けの数学，科学書の翻訳を手掛けている。訳書に，ポザマンティエ&
レーマン『不思議な数πの伝記』『不思議な数列フィボナッチの秘密』（以上，
日経BP）のほか，キャロル『この宇宙の片隅に』，パウンドストーン『ビル・
ゲイツの面接試験』（以上，青土社），ゼブロウスキー『円の歴史』（河出書
房新社），フィッシャー『群れはなぜ同じ方向を目指すのか』（白揚社），オ
コネル『トランスヒューマニズム』（作品社）ほか多数。

円をめぐる冒険
幾何学から文化史まで

2020 年 9 月 10 日　第 1 刷発行

発行所　　　　株式会社紀伊國屋書店
　　　　　　　東京都新宿区新宿 3-17-7

出版部　　　　（編集）電話　03-6910-0508
ホールセール部　（営業）電話　03-6910-0519
　　　　　　　〒 153-8504　東京都目黒区下目黒 3-7-10

ブックデザイン　松田行正＋杉本聖士
印刷　　　　　精興社
製本　　　　　加藤製本

ISBN 978-4-314-01174-7 C0041 Printed in Japan
Translation copyright © Shunsuke Matsuura, 2020
定価は外装に表示してあります